1：海綿動物門
　　クロイソカイメン
　　Halichondria okadai
2：刺胞動物門
　　タテジマイソギンチャク
　　Haliplanella lineata
3：扁形動物門
　　ミノヒラムシ
　　Thysanozoon brocchii
4：外肛動物門
　　コブヒラコケムシ
　　Schizoporella unicornis
5：箒虫動物門   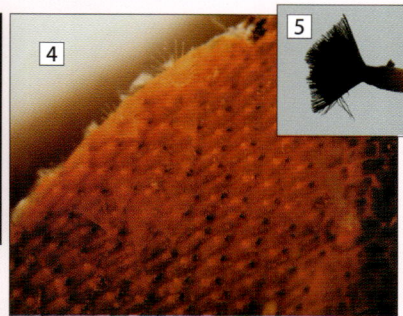 
　　ホウキムシ
　　Phoronis australis
6：腕足動物門
　　ホオズキチョウチン
　　Laqueus rubellus
7：紐形動物門
　　ミサキヒモムシ
　　Lineus geniculatus
8：軟体動物門
　　コウダカマツムシ
　　Mitrella burchardi
9：星口動物門
　　イケダホシムシ
　　Golfingia ikedai
10：ユムシ動物門　ユムシの1種 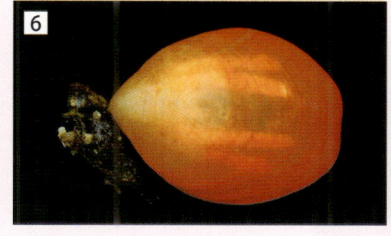 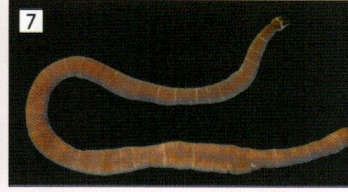    
11：環形動物門　オトヒメゴカイ　*Hesione reticulata*

12：内肛動物門
　　スズコケムシ　*Barentsia discreta*
13：線形動物門
　　アニサキス科の1種　*Anisakis simplex*
14：鰓曳動物門
　　エラヒキムシの1種
　　　　　　　　Priapulus tuberculatospinosus
15：緩歩動物門
　　トゲクマムシ属の1種　*Echiniscus* sp.
16：節足動物門
　　サラサエビ　*Rhynchocinetes uritai*

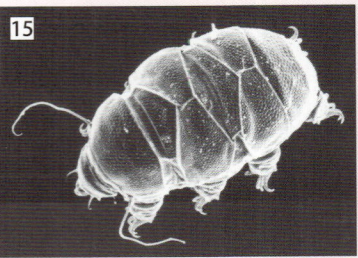

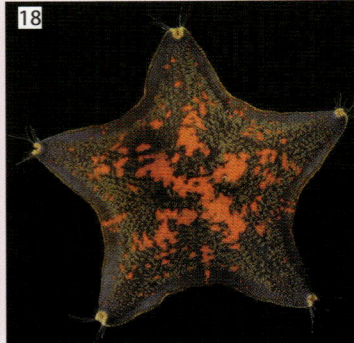

17：毛顎動物門
　　カタヤムシ　*Sagitta ferox*
18：棘皮動物門
　　イトマキヒトデ　*Patiria pectinifera*
19：半索動物門
　　シモダギボシムシ
　　　　　　　Balanoglossus simodensis
20：脊索動物門
　　ベニボヤ　*Herdmania momus*
21：脊索動物門
　　クサフグ　*Takifugu niphobles*

写真提供　1～3, 5～12, 16, 18, 20～21：伊勢優史. 4:広瀬雅人. 13:倉持利明. 14:沼波秀樹. 15:阿部 渉. 17:宮本洋臣. 19:宮本教生.

新・生命科学シリーズ

動物の系統分類と進化

藤田敏彦／著

太田次郎・赤坂甲治・浅島　誠・長田敏行／編集

裳華房

Introduction to Animal Taxonomy, Phylogeny and Evolution

by

Toshihiko Fujita

SHOKABO

TOKYO

「新・生命科学シリーズ」刊行趣旨

　本シリーズは，目覚しい勢いで進歩している生命科学を，幅広い読者を対象に平易に解説することを目的として刊行する．

　現代社会では，生命科学は，理学・医学・薬学のみならず，工学・農学・産業技術分野など，さまざまな領域で重要な位置を占めている．また，生命倫理・環境保全の観点からも生命科学の基礎知識は不可欠である．しかし，奔流のように押し寄せる生命科学の膨大な情報のすべてを理解することは，研究者にとっても，ほとんど不可能である．

　本シリーズの各巻は，幅広い生命科学を，従来の枠組みにとらわれず，新しい視点で切り取り，基礎から解説している．内容にストーリー性をもたせ，生命科学全体の中の位置づけを明確に示し，さらには，最先端の研究への道筋を照らし出し，将来の展望を提供することを目標としている．本シリーズの各巻はそれぞれまとまっているが，単に独立しているのではなく，互いに有機的なネットワークを形成し，全体として生命科学全集を構成するように企画されている．本シリーズは，探究心旺盛な初学者および進路を模索する若い研究者や他分野の研究者にとって有益な道標となると思われる．

新・生命科学シリーズ
編集委員会

はじめに

　地球上にはさまざまな動物が暮らしている．どのような形態，生態の動物が暮らしており，どれくらいの数の動物種が生息しているのか．それを明らかにしてこようとしたのが，動物「分類学」という学問分野である．多種多様な動物がいるため正確な数字を出すのは難しいが，地球上には現在までに知られている種だけでも，130万種を超える動物が存在しており，まだまだ知られていない種も合わせると，実際には何倍もの数の種がいる．

　近年，環境保護の必要性の認識も高まり，「生物多様性」という言葉を耳にする機会がとても増えた．この生物の多様性を明らかにし，理解しようとするのが分類学であり，その歴史は古く，古代にはじまる．解剖学から分子生物学に至るさまざまな生物学分野は，この分類学を礎（いしずえ）として派生してきたと言っても良いであろう．器官から生物体を構成する分子まで，レベルは異なるものの，これらの分野も生物のことを記載し理解しようとする点では同様であり，その研究成果は逆に分類学にも反映されてきた．ただし，スタンスはやや異なり，分類学では多様な生物の実態そのものを理解しようとしてきたのに対し，ほかの生物学分野の多くは，その中に見られる共通性に目を向けてきた．

　動物を対象とする近代的な分類学は，18世紀，「分類学の父」と呼ばれるリンネの時代に始まったと考えられる．19世紀半ばには，ダーウィンの進化論によって，現在では1千万種を超えると考えられている動物を含むすべての生物は，1つの生命体から進化によって生じたものであることが示唆された．動物の多様性を生みだした力は進化であることが示されたのである．現在，地球上で見られる動物の基本的な体のつくり，すなわちボディープランの多くは，約5億年前のカンブリア紀に生じた多細胞動物の大規模な適応放散の際にでき上がったと考えられている．その後，新しい種の形成や種の消滅がくり返され，現在の多様な動物の姿に至った．

進化によってつくられた種の系譜を「系統」と呼ぶ．進化が理解されるようになってからは，動物分類学はこの「系統」を取り入れ，生命の歴史を含めて研究を進めてきた．その結果，進化によってでき上がった現在の地球上の動物の姿を正しくとらえられるようになってきた．

　20世紀の半ばには，DNAが遺伝子の本体であることが明らかになり，ワトソンとクリックによってDNAの二重らせん構造が発見され，DNAの塩基配列に遺伝情報が含まれていることがわかってきた．その後の技術の進歩によって，DNAの塩基配列が容易に読み取れるようになってからは，塩基配列の情報を用いてかなり正確に系統を追跡することができるようになり，進化によって作られた多様な動物の姿がよりはっきりとわかるようになった．生物学の中では最も古くから行われ伝統がある分類学は，ともすれば古ぼけた学問と思われがちであるが，ほかの生物学と同様，進化論やDNAの発見などの大きな生物学の革新とともにその内容を発展させてきたのである．

　本書『動物の系統分類と進化』で扱う動物系統分類学は，分類，系統，進化といった観点から，現在の地球上の多様な動物の姿を明らかにし，その姿が5億年の間にどのようにして生じてきたのかを明らかにすることを目指している．本書は2つの部分から構成されている．最初の1～4章では，動物系統分類学の考え方や研究方法をこれまでの歴史を交えて解説する．次の5～6章は，それによって，これまでにどのようなことがわかってきたのかについての解説となっている．

　まず，1章では事物を認識，理解する上での分類という考え方について，2章では分類と系統との関わりについて，3章では分類学の方法や規則について，4章では動物系統分類学で扱っている種について，さらには種がたどった歴史である系統を推定する方法について順に触れていくこととする．そして，5章では，実際の動物の進化，系統と，それに基づく分類体系の全体像を把握する．最後の6章では，結果として生じた現在の地球上の動物の姿について動物群ごとに解説し，地球上の動物の多様性への理解を深めることとしたい．

　2010年3月

藤田敏彦

目 次

■ 1 章　分類とは何か　　1
1.1　物の識別と分類的思考　　1
1.2　自然史と博物館　　4

■ 2 章　分類学と系統学　　8
2.1　階層分類に基づく分類体系　　8
2.2　分類学から系統分類学へ　　11

■ 3 章　学名と標本の役割　　16
3.1　動物の学名　　16
3.2　国際動物命名規約　　17
   3.2.1　学名の規則　　18
   3.2.2　先取権の原則　　19
   3.2.3　標本の役割　　20
   3.2.4　タイプの概念　　22
3.3　分類学的研究と記載論文　　25

■ 4 章　動物系統分類学の方法　　31
4.1　種と種分化　　31
   4.1.1　生物学的種概念　　31
   4.1.2　動物における種分化の機構　　34
4.2　階層分類と系統樹　　40
4.3　形質とその評価　　44
4.4　分子系統解析　　53
   4.4.1　塩基配列とアミノ酸配列　　54
   4.4.2　分子系統解析の方法　　56
   4.4.3　分子系統解析の特徴　　60

4.5　系統推定の方法　　　　　　　　　　66
　　4.5.1　系統樹の構築方法　　　　　　　67
　　4.5.2　系統樹の信頼性の評価　　　　　85
　　4.5.3　実際の系統推定と合意樹　　　　87

■ 5 章　動物の系統と進化　　　　　　　89
　5.1　生物の分類と動物界　　　　　　　　89
　5.2　化石記録から見た動物の進化　　　　92
　5.3　動物のボディープランとその進化　　98
　　5.3.1　動物界の起源　　　　　　　　　99
　　5.3.2　動物界の系統　　　　　　　　 101
　5.4　動物の種数　　　　　　　　　　　108

■ 6 章　動物の多様性と系統　　　　　　112
　6.1　前左右相称動物　　　　　　　　　114
　6.2　左右相称動物　　　　　　　　　　122
　　6.2.1　扁平動物　　　　　　　　　　126
　　6.2.2　触手冠動物　　　　　　　　　132
　　6.2.3　担輪動物　　　　　　　　　　135
　　6.2.4　線形動物　　　　　　　　　　150
　　6.2.5　有棘動物　　　　　　　　　　153
　　6.2.6　汎節足動物　　　　　　　　　155
　　6.2.7　新口動物　　　　　　　　　　169

　　あとがき　　　　　　　　　　　　　183
　　参考文献　　　　　　　　　　　　　184
　　引用文献　　　　　　　　　　　　　185
　　索引　　　　　　　　　　　　　　　189

コラム 1	博物館の動物標本	6
コラム 2	分類学者だったダーウィン	14
コラム 3	動物の学名の由来	29
コラム 4	系統樹をさまよった珍渦虫	181

1章　分類とは何か

　古来より人は事物を認識し理解するにあたって「分類」という考えを利用してきた．とくに，自然物の1つであり多種多様な物が混在している生物についての理解を深める上では，生物に名前を与え，名前を使ってグループ分けをするという分類的な方法は非常に大きな力を発揮してきた．また，生物の分類学の発展には新しい生物の収集と，収集した物を研究し保管する博物館が大きな役割を果たしてきた．本章では分類学的な考え方の基本を考えるとともに，分類学を支えてきた博物館について理解を深めたい．

1.1　物の識別と分類的思考

　人は多種多様な物が存在する世界の中で生きている．そのため，生活を営むにあたって身の回りにある物や現象を識別する必要がある．食べられる草なのか食べられない草なのか，触れると危険な虫なのか触れても平気な虫なのかを識別しなければ生活していくことができない．もちろん現代では，自然物に限らず人工的な物も識別する必要があろう．目の前にある物や現象を識別するために，人はそれらを記載し，名称を与えて区別してきた．
　事物を識別する必要度や関心度は文化や民族によって異なるため，名称の数も文化や民族によって異なる．たとえば，日本語では兄，弟を区別するが，英語では普通は brother という語を用い，あまり上下にはこだわらない．逆に，日本語では，牛の呼び方としては，普通はウシという1つの言葉で済ますが，英語では cattle だけでなく，cow, bull, bullock, ox, calf とさまざまな語で雌雄や幼若を区別して呼んでいる．識別しようと思わなければ名称は不要であり，名称を付けることにより明確な意識をもって区別，すなわち識別を行ってきた．新しい物が発見されると，それに名称を付けてきたが，名称を与えることにより，ほかの人との間で知識の共有ができるようになる．

■ 1章　分類とは何か

　たとえば，エチオピアの牧畜民であるボディ族の人々は，色彩模様について独自の文化をもっている．家畜としている牛を，毛の色彩と模様で個体を識別しており，しかも色彩と模様に名前を付けて識別することにより牛の親子関係を理解している．実際に集団遺伝学的に調べてみると，彼らが認識している色と模様による識別方法は，まさに遺伝を反映した方法となっていることが確認された．ボディ族は牛に大きく依存した生活をしており，この色彩模様を自分たち個人個人にも生涯担っていく色として与えることにより，このような自然界の細かな識別から発展させた色や模様の識別を民族独自の文化として取り入れている．

　人は識別された多数の物を把握するために，分類という手法を用いてきた．分類することによって人間の限られた記憶を節約して用いることができ，分類は知識を整理するためのたいへん有効な手法となる．動物分類学の教科書の1つには，分類の伝統的な定義として「共通にもっている特性に基づいて事物をグループにまとめること」と書かれている．分類ではある基準に基づいた類似によって，似ている物を集団にまとめる作業をし，似ていない物の集団とは区別する．そして，それぞれの集団を識別するために，個々の場合と同じように，集団にも名称を与えていく．それぞれの集団の共通した性質や，集団間の違いを理解することにより，そこからそれを支える規則が見いだされていくこともある．

　分類は自然のような多様な世界を理解する上では不可欠な手段であった．天文学では，星にその動きから違いを見いだし，恒星，惑星といった種類に分類してきた．そして，惑星と呼ばれた複数の星の動きの研究から，コペルニクスの地動説などその後の天文学を進める成果が生まれてきた．元素の周期表をつくったメンデレーエフの時代には，60種類ほどの元素が知られており，物性によって類似のグループに分類されつつあった．彼は原子価という基準によって元素を分類できることに気づき，原子量の小さいほうから大きいほうにならべるとある規則性があることを見いだした．その結果，周期律の発見へとつながったのである．このように，分類的な思考は多様な自然を認識，理解するためのとても基本的な手段の1つであり，人類は分類によっ

て体系的に多様な物の全体像を把握しようとしてきた．

　分類をするときには，類似の物で集団をつくり，ほかの集団との区別をするが，そのようにしてできた多数の集団間で比較すると，さらに1つ上の段階の類似の集団をつくることができる．分類においてはこのような階層的な取り扱いがとても有効な手段となり，人が事物を把握する上では階層分類的な方法が大いに役立つ．

　スーパーで買い物をするときの様子を例に考えてみよう．食料品のエリアの中に鮮魚のコーナーや飲み物のコーナーがあって，飲み物のコーナーではビールはビール，お茶はお茶など似たような製品が通常は近くに並べられている．洗剤などの日用品は別のエリアにあって，そこでも洗濯用の洗剤，石鹸，などと類似の製品が近くに置かれる．もしこれが分類されずに，たとえば商品などの名前のあいうえお順に並べられていたとすると，買い物が非常に困難になるに違いない．コカコーラとペプシコーラが離れた場所にあったり，サンマ，しらたき，スイカ，洗剤，ソースという具合に並んでいたりするのである．もちろん，それでも目的の物にはそれなりにたどり着けるであろうが，比較して選択したい場合に困るし，また特質が異なる物，たとえば冷凍保存が必要な物とそうではない物が混ざっていると，商品を陳列する上でも不便であることこの上ない．

　図書館の書架の前に立った時も同様で，何かを調べようと思ったときに，その分野の本が一つの場所にまとまっていないと，とても使いづらい．そのため，図書館では関連する分野を階層的にまとめて書物を分類して，書架に並べている（図 1.1）．

　このことから，多種多様な物があるときに，すべての物に名前を与えたとしても，物の特質を考えず単に順に並べるだけでは，それらの物の理解や利用とはほど遠い状態であることは容易に見て取れる．無数の物を全体として理解するためには，分類が非常に強力な武器になり，さらに階層的な取り扱いは，より多くの要素を把握する上で欠かせない方法である．

　事物を認識するにあたり，とくに，名称の重要性と階層的な分類方法の有用性を考えてきた．この2つは，分類学的な方法の根幹をなしていると言っ

■ 1章　分類とは何か

類	
0	総記
1	哲学
2	歴史
3	社会科学
4	自然科学
5	技術, 工学
6	産業
7	芸術, 美術
8	言語
9	文学

綱	
40	自然科学
41	数学
42	物理学
43	化学
44	天文学, 宇宙科学
45	地球科学, 地学
46	生物科学, 一般生物学
47	植物学
48	動物学
49	医学, 薬学

目	
480	動物学
481	一般動物学
482	動物地理, 動物誌
483	無脊椎動物
484	軟体動物, 貝類学
485	節足動物
486	昆虫類
487	脊椎動物
488	鳥類
489	哺乳類

図 1.1　階層分類の実例（日本十進分類法）
図書館などにおいて本の整理に用いられる階層分類法の 1 つ．類，綱，目と呼ばれる階層的な 3 つの階級を設定し，機械的に 10 のカテゴリーに細分化し，それぞれ 0 〜 9 の数字を割り当てることによって，3 桁の数字で分類を示すことができるようになっている．

てもよい．実際の動物分類学における名称，すなわち動物の学名の役割と，階層分類の動物分類学的な意味づけについては 2 章，3 章でみていくこととする．

1.2　自然史と博物館

　動物分類学は自然史学（natural history）として発展してきた．紀元前 4 世紀のギリシャの哲学者，アリストテレスは，およそ 500 余りの動物について，その形態や生態，発生などを記述して，それらの性質を比較することにより，動物を分類し体系化を行った．彼は，動物を，血液のある動物と血液のない動物とに分け，それぞれを 4 つずつのグループに分類した．18 世紀頃のヨーロッパにおいて，そのような自然物の記述を目的とする自然史研究が学問としての形を成していき，記載と体系化を軸として，学問としての自然史学（博物学とも言う）が成立することとなった．

　自然史学の成立にあたって，大きな原動力となったのが，自然物の「収集」である．もともとは実用的な関心があるものだけであったが，16 世紀からの大航海時代には，世界各地から，これまでに見たことのない動植物，鉱物

などがヨーロッパにもたらされるようになり，ヨーロッパの貴族の間で，珍しい品々の収集が行われるようになる．さらに，これらの収集品を陳列することが行われるようになり，これが後世の博物館へと引き継がれていった．

　博物館を意味するミュージアムという語は，ギリシャ神話で文芸などを司る9人の女神達であるミューズに由来する．古くは紀元前3世紀にエジプトのアレクサンドリアにつくられた教育施設にミュージアムという名が付けられ，この語はもともとは，学ぶ場所を意味する言葉であった．後になって，収集したコレクションにミュージアムという語が使われるようになり，さらにそれを収蔵する施設も含めてミュージアムと呼ぶようになった．近代的な博物館は1753年に誕生した大英博物館がはじまりとされている．世界初の国立の博物館である．博物館はコレクションを収蔵，展示する施設であるが，資料の収集と研究や教育機能も含み，公共性も重要な博物館の特徴である．日本では「博物館」という名称が定着したが，これは福沢諭吉によるところが大きく，その著書『西洋事情』において，博物館という見出しで，資料の収集や展示を行い，教育効果をもつものと述べている．

　分類学における標本の役割は後の章で述べるが，標本資料の収集，研究，保管が博物館の役割の最も重要な点であり，博物館の存在意義でもある．博物館では学芸員などがこれらの作業を担っている．研究が行われて保管されている標本資料は，後の研究者が再度利用することになるが，そのために標本の貸出の作業なども必要となる．現在ではコンピューターの普及に伴い，それぞれの博物館では所蔵標本のデータベースがつくられるようになり，インターネットを通じて公開している博物館も多い．博物館の標本は世界中の研究者に利用されている．日本ではまだまだ博物館は単なる展示施設と思われている感があるが，博物館は1つの研究機関である．博物館が大学やそのほかの研究機関と最も異なっているのは，博物館には標本があり，博物館の研究者は標本を元にしてそれぞれの研究を進めているという点である．

コラム1
博物館の動物標本

　動物分類学には欠かせない標本であるが，動物の標本にはいくつかの種類があり，動物群や目的によって標本作製方法も異なる．その後の研究に適する標本とするために，さまざまな工夫もされてきた．

　「標本」と言えば，まずは瓶の中でホルマリンやアルコールにつかっているイメージであろうか．実際に博物館でも多くの動物はこのような液浸標本として保存されている．ホルマリンは海水や淡水で5〜10％程度に希釈して用いる場合が多い．ホルマリンには組織を固定する作用があるが，時間とともに変性して酸性になるため，石灰質の骨格を溶かしてしまう．そのため，ホウ砂やヘキサミンなどを加え中性を保つようにして用いることが多い．長期に標本を保存する場合はエタノールに入れ替えるのが普通である．その場合は、ホルマリンで固定した標本を水洗いしてホルマリンを抜き，70％程度のエタノール中で保存する．

　液浸標本も単に薬剤につければよいだけではない．魚類では，「鰭立て」と言って，発泡スチロールの板の上に魚の標本を置き，鰭を広げて虫ピンで固定する．筆にホルマリンを含ませて，鰭の間の膜に塗る．そうすると，鰭が固定されて硬くなり，きれいに鰭が広がった標本となる．クモヒトデ類はそのまま液浸標本にすると，腕を自切してしまってばらばらの標本になったり，腕をまるめてしまってその後の観察に支障がでることがある．それを避けるために，麻酔を行う．豆腐をつくるときの「にがり」の主成分である，塩化マグネシウムがよく用いられる．麻酔がきいてぐったりしたクモヒトデは「彗星」形に形を整えてから固定する．そうすると写真のフレームにも収めやすく，後からの観察にも最適である．麻酔はさまざまな動物標本の作製で行われており，使う薬品も色々ある．

　乾燥して標本とすることもある．標本を保管するのには液浸標本よりも手軽である．死んだ貝殻であれば，そのまま標本となるが，生きた貝を乾燥標本にするときには，「肉抜き」を行う．よく使われるのが，煮沸である．貝を煮て，中の肉質部分を取り出す．食べるときと同じだが，軟体部がらせん型に曲がった巻貝だと中を取り出すのに少々コツがいる．貝の種類や大きさに応じて，煮るのに適切な温度や時間が異なる．サンゴでは骨格のみの標本

左上：魚類の鰭立て（撮影：栗岩 薫）．右上：彗星の形に整えたクモヒトデ類の標本．左下：鳥類の仮剥製標本．右下：ガンガゼ（ウニ類）のプラスティネーション標本．

をつくることがある．塩素系の家庭用漂白剤にサンゴを浸しておき，中の肉質部分を溶かす．洗うと白いきれいな骨格だけが残る．昆虫も乾燥標本にすることが多い．虫ピンと板を使って「展翅」を行い，触角や脚の形を整え，翅を広げた標本とする．

　鳥類などでは剥製がつくられる．液浸標本や乾燥標本と比べて，剥製の作製には，より高度の技術を要する．展示用には，生きているときのような姿勢に形を整えるが，研究用の場合は姿勢までは整えず，仮剥製と呼ばれる標本にする場合が多い．引き出しなどに標本を収納するには，この方が都合がよい．近年使われるようになってきた新しい標本作製法にプラスティネーションという方法がある．剥製と同様にそのまま触ることができる標本である．剥製では内臓を取り除くが，プラスティネーションは内部もそのまま残すことができるのが特徴である．ホルマリン標本をアセトンなどにつけ，その後に合成樹脂につけることにより，動物体の水分や脂質を合成樹脂に置き換える．そのまま輪切りにすれば，内臓の構造も観察できる標本となる．

　ここに紹介したのは標本作製のほんの一端である．長い間にノウハウが蓄積し，動物群ごとに色々な方法ができ上がってきた．もちろん，標本はつくってしまえばそれまでというわけにはいかない．いつでも研究に使用できるように，良い状態で標本を保ち続けるためには，博物館スタッフのたゆまぬ努力が必要であることはいうまでもない．

2章 分類学と系統学

　地球上に生息する多様な生物を理解するために，分類という手法を用いて体系的に種の記述，整理が行われてきた．分類体系は階層的にできており，階層分類という分類学の最も基本となる考え方は，リンネによってまとめられた．その後，ダーウィンによって生物の進化がはっきりと示され，多様な生物が生まれた要因が理解されたことによって，歴史（時間）を追う系統学が発展し，系統進化を根拠として分類体系を考えるようになってきた．

2.1　階層分類に基づく分類体系

　1章で述べたような分類的な考え方を使うことによって，生物についても理解が深められていった．分類学では生物の属性によって生物の分類を行うが，その属性のことを形質と呼ぶ．形質の類似性によって生物個体の集団を認識し，別の集団と区別する．さらに，地球上の多種多様な生物の集団を理解する上で，階層的な考え方は非常に有効であることがわかり，それを用いて生物の分類体系がつくられていくこととなる．

　生物の命名や体系化は紀元前4世紀のアリストテレスの時代から行われていたが，命名に規則を設け，階層性を前提とした分類体系をスタートさせたのがリンネ Carl von Linnaeus（1707-1778）である．現在，広く用いられている階層分類の方法は，分類学の父と呼ばれるリンネが著した『自然の体系』の中で提案されたものであり，リンネ式階層分類体系と呼ばれている．多数の種の中から似たような種をクラスター（類似するものの集団）として集めてみると，そのようなクラスターがたくさんできる．こんどはそれら多数のクラスターの中から似たようなクラスターを集めれば，さらに大きなクラスターをつくっていくことができる．このように一段ずつ大きなクラスターをつくっていくのが階層の考え方であり，類似のものを集める作業をするので

2.1 階層分類に基づく分類体系

表 2.1　現在使われているリンネ式階層分類体系の階級

さらに上位の階級	界 Kingdom		動物界 Animalia
	門 Phylum		脊索動物門 Chordata
		亜門 Subphylum	脊椎動物亜門 Vertebrata
		上綱 Superclass	
	綱 Class		哺乳綱 Mammalia
		亜綱 Subclass	真獣亜綱 Theria
		下綱 Infraclass	正獣下綱 Eutheria
		コホート（区）Cohort	
		上目 Superorder	
	目 Order		霊長目 Primates
		亜目 Suborder	真猿亜目 Anthropoidea
		下目 Infraorder	狭鼻下目 Catarrhini
科階級群	科 Family	上科 Superfamily	ヒト上科 Hominoidea
			ヒト科 Hominidae
		亜科 Subfamily	
		上族 Supertribe	
		族 Tribe	
		亜族 Subtribe	
属階級群	属 Genus		ヒト属 *Homo*
		亜属 Subgenus	
種階級群	種 Species		ヒト *Homo sapiens*
		亜種 Subspecies	

一例としてヒトの分類上の位置を示した．（馬渡，1994 を改変）

集合の考え方があてはまり，入れ子式のベン図によって表現することができる（図 2.1 参照）．分類学では伝統的に，さまざまな形質を見て，それらの形質の類似や差異の程度に基づき，階層的な分類体系を築き上げてきた．

　クラスターとして認識され分類の単位となる生物の集合のことをタクソン taxon（複数形はタクサ taxa）と呼んでいる．リンネはタクサを階層で理解し，各レベルのタクサに，動物では，綱，目，属，種，変種という標準的な階級名を与えることにより明瞭な階層を確立して，それを用いて自然物の体系化を試みたのである．リンネ以後，研究が進み，知られる動物の種数が増えるに従って，より細かく分類する必要が生じてきた．リンネが提唱した階級名を踏襲し，後の時代に門や科が付け加えられて，現在では，表 2.1 のような階級名が動物分類学では用いられている．

　リンネは『自然の体系』の第 10 版（1758 年）に，4236 種の動物を記載し

ており，動物全体を哺乳綱，鳥綱，両生綱，魚綱，昆虫綱，蠕虫綱の6つの綱に分類した．現在知られている全動物種の中ではほんのわずかな割合しか占めていない脊椎動物を4綱に分類しているのに対し，残りのすべての動物をたった2つの綱にしか分類していない．また，たとえば棘皮動物には3属34種を認めているが，これらは蠕虫綱の中の軟体動物目の一部として，貝類などと一緒のタクソンに分類されていた．リンネがつくった動物の分類体系は，研究が進むにつれ現在では大きく異なるものに変えられているものの，階層的な理解の重要性と，階級名は今も引き継がれている．

　リンネがつくった体系よりも現在の体系の方が，より実際の姿に近いことは間違いない．では，このようにしてつくられた階層的な分類体系を，より実際の姿に近い体系とするために，どのようにして体系の正当性を判定するのであろうか．分類学的思考は，よく知られている科学的な推論方法である演繹（deduction，ある前提から論理的に正しい結論を導き出す方法）とも帰納（induction，個別の事象を枚挙し一般化することにより結論を導き出す方法）ともやや異なる方法に基づいている．分類学者は，アブダクション（abduction）と呼ばれる方法によって，分類体系をより正しい体系へと近づけていく．アブダクションとは，個別の事象から最も良い仮説を導き出す推論の方法であり，前提の一部と結論から，結論を導くための前提の誤りを見つけて修正していくような方法である．

　分類学におけるアブダクションでは，分類（classification）と同定（identification）によって，真の分類体系を求めていく．分類では，多数の生物の集まりを形質の共通点や相違点を認識することによって体系化し，階層的な分類体系をつくり上げる．1つの生物個体を，そのようにしてつくり上げた分類体系に当てはめることを同定と呼ぶ．同定は，その分類体系が正しいかどうかを判定する1つの材料となり，正しく当てはまれば，その分類体系は正しいという証拠の1つとなる．その分類体系に当てはまらない生物個体が新たに得られたときには，これまでの分類体系を少し変更して，その個体もうまく当てはまるような新たな分類体系をつくり上げていく．その個体が1つの新しい種である場合はそれを種として追加する．既知の属や科に

当てはまらないようなものであれば，新しい属や科をつくり新しい分類体系へとつくり変える．場合によっては，分類体系を大きく見直す必要があるような同定結果が得られることもある．もちろん新たな個体に基づかなくても，新たな発見があれば，すでに体系に当てはめられている同定結果を見直すこととなり，それをうまく説明するために，種から界にいたるさまざまな階級での見直しに迫られることもある．

このように，情報の追加を積み重ねることによって，少しずつ目の前にある真の分類体系へと近づいていこうとするのが，分類学のアブダクション的な方法であり，現在でも分類学者はこのような分類と同定の作業によって，分類学を進めている．

2.2　分類学から系統分類学へ

リンネの時代には，生物種は神により創造されたものであり，不変であると信じられていた．階層構造で理解できる生物の分類体系は，創造主がつくり出したものと考えられていたのである．実際にどのようにしてこのような体系ができ上がったのか，その要因はわかっていなかった．その後，ラマルクによって，生物の種は不変なものではなく，長い年月の間には変化し新しい種が誕生する，という進化的な考えが提唱されるようになり，19世紀半ばにはダーウィン Charles Darwin (1809-1882) が『種の起源』(初版, 1859年)を著し，自然選択説によって，進化を正しく理解できるようになった．

ダーウィンの進化論によって，形態的な類似性は系統上の近縁性によって生じているということが明らかとなった．同じタクソンに属すメンバー，すなわち同一属内の種や同一科内の属などは，共通の祖先に由来し，そこから分化したものと考えられるようになったわけである．ここに及んで，進化と系統の概念が生物分類に導入され，体系（すなわち分類）とそれを生み出した要因である進化（すなわち系統）が結びつけられた．階層構造の分類体系は入れ子式のベン図で表現することができる．それに対して，それぞれの生物種のたどってきた歴史である系統は，種の分化を枝分れで示す樹状図によって表現することができる．樹状図は時間軸に沿った生物の歴史を示す．

■ 2章　分類学と系統学

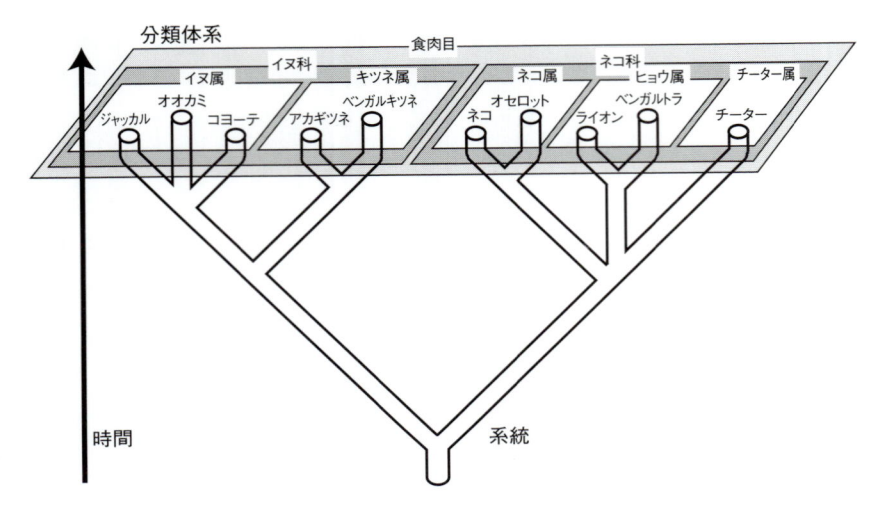

図 2.1　分類体系と系統
進化が明らかになり，分類体系に系統というそれを生みだした要因が結びついた．階層分類の入れ子状構造を示すベン図に，進化によってつくられた系統を示す樹状図が結びつくこととなった．（Patterson, 1999；石川, 1985 を改変）

その1つの時間断面，すなわち現在における断面をベン図として表したものが現在の生物の分類体系となる（図 2.1）．

　このように，進化という現在の生物種を生みだした原動力が明らかとなり，過去の歴史を示す系統の枠組みの中で分類学がとらえられるようになり，分類学は系統分類学へと大きく転換することとなった．地球上の生命の進化の歴史である系統は，実際の過去の証拠である化石の記録からも推定される．しかし，化石記録が残されていることは少なく，私たちが入手可能な，系統を知る手がかりの多くは現生の動物にある．この現在の姿という手がかりから，できる限り真実に近い過去に生じた進化や系統を復元し，それに基づいて現在の姿を理解しようとするのが，系統分類学であり，基本的には，系統を念頭において，分類体系がつくられる．しかし現実的には，現在の動物の分類体系すべてが系統に基づいて構築されているわけではなく，分類学者は系統を無視しがちであるという批判もある．さまざまな学派間の議論もあり，

系統学と分類学との間の溝を指摘する声があるのも事実である．

　後の章で述べるように，実際にはそれほど単純ではなく反例もあるものの，分類学で伝統的に使われてきた形質の類似性は，基本的には，遺伝的な近縁性，すなわち系統に由来したものである．したがって，従来と同様に，形質の類似性から系統上の近縁性を推測し，それによって分類体系をつくり上げていることが多い．ダーウィンの進化論によって分類学の方法論が180度変わったわけではなく，分類学は進化論によって生物学的なバックボーンを得たと考えるのがよいであろう．近年では，系統上の近縁性をより直接的に推定できる形質として，DNAの塩基配列という強力なツールを用いることができるようになり，より正しく系統を推定できるようになった．系統分類学では，現在の多様な動物の姿を，それをつくり出した進化の歴史とともに明らかにしつつある．具体的にこれまで明らかにされてきた動物の系統分類の体系については5〜6章で解説することとし，次に，系統分類学の研究を行うための具体的な方法について述べていくこととしたい．

コラム2
分類学者だったダーウィン

『種の起源』を著し，自然選択による進化論を主張した英国の生物学者，チャールズ・ダーウィンは，サンゴ礁の成因，ハトの品種改良，ミミズによる土壌形成などさまざまな研究を行っており，多くの研究業績を残している．それらの中の1つにフジツボの分類学的研究がある．

磯の岩などに付着しているフジツボは「殻」の中に収まっており，一見すれば貝の仲間のようにも見えるため，二枚貝の仲間とされていた．フジツボが実際はエビ類やカニ類と同じ甲殻類であるとわかったのは，1830年のことである．フジツボも甲殻類と同じノープリウス幼生を経て成長することが，決定的な証拠となった．フジツボの仲間は固着生活をするため，胸部にある脚（付属肢）が変形し，海中の小さな餌をろ過によって集め口へと運ぶ機能をもつようになった．その脚が，つる（蔓）のように巻いているため，蔓脚類（まんきゃくるい）と呼ばれている．

1846年の10月のこと，ダーウィンはビーグル号の航海の間に南米のチリで採集した奇妙な形のフジツボの標本を11年ぶりに取り出した．新種として記載しようと調べ始めたところ，フジツボの分類体系は混乱した状態であるということに気づいた．そこからダーウィンはフジツボの分類学的研究を始めることとなる．

甲殻類と判明してからまだ間もないので，分類体系が未熟であったのは当然のことかもしれない．もともとは奇妙な形の一つの標本を調べようとしただけのようだが，その後，結局ダーウィンは8年間蔓脚類の分類学的研究に没頭し，現生種だけでなく化石も含めて研究を行うこととなった．

分類学では，特定のタクサを対象として，可能な限りの種を取り上げて，記載を行い分類学的な検討を加えるような総合的な論文を「モノグラフ」と呼んでいる．ダーウィンは1851～1855年に，現生種に関するモノグラフを2巻，化石に関するものを2巻，計4巻で1200頁を超す，蔓脚類のモノグラフを出版した．分類学的な記載において，図は非常に大きな役割を果たす．現生種のモノグラフには『A monograph on the sub-class Cirripedia, with figures of all the species』というタイトルが付けられている．「蔓脚亜綱のモノグラフ」に加えて，わざわざ「すべての種にfigures（図）をつけた」

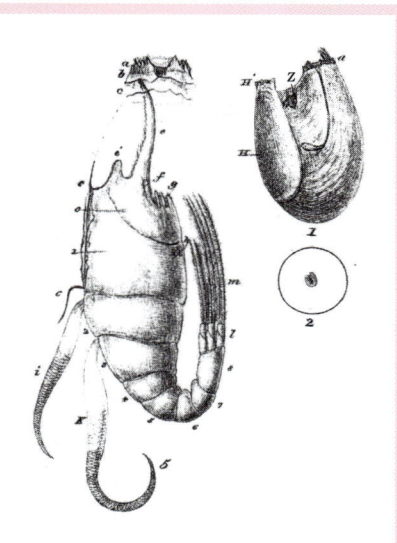

ダーウィンのモノグラフで描かれた *Cryptophialus minutus*. 右上はキチン質の袋におさまった雌の体を側面から見たところで，小さな雄（z）が付着している．右下の円は元の図では直径約1.3 cmで描かれており，3 mmほどの長さがある動物の実物大の大きさを示している．左は袋を取り除き体の作りを示した図である．（Darwin, 1854を引用）

と記しており，実際，多数の描画が並んでいる．ダーウィンは科学者でもある画家を雇ってこれらの図を描かせた．

蔓脚類のモノグラフはロイヤル・メダルという賞を獲得し，ダーウィンは分類学の分野でも第一級の専門家と見なされることになった．蔓脚類の分類体系の基礎はダーウィンによってつくられたのだ．もちろん，その後にさまざまな新しい発見があり分類体系もつくり変えられてきたわけだが，現在でも蔓脚類分類学においてこれらのモノグラフは主要な文献となっている．

さて，ダーウィンを蔓脚類の分類学者へと仕向けた「奇妙な形のフジツボ」であるが，ダーウィンはこれを「Mr. Arthrobalanus」というあだ名で呼んでいた．この標本はロコガイ（アワビモドキ）の仲間の巻貝の貝殻に穿孔してすんでおり，殻をもっていない特殊なフジツボであった．ほとんどの蔓脚類はフジツボ，カメノテなどのように殻をもっているのだが，殻をもたず貝やサンゴなどの石灰質の殻に穿孔して生活する，ツボムシと呼ばれる何とも風変わりな蔓脚類がいるのである．フジツボ類は，普通は雌雄同体であるが，ツボムシはこの点でも変わっていて，雌雄異体でありしかも雌に比べて雄はとても小さく雌に付着している．ダーウィンはMr. Arthrobalanusを1854年のモノグラフで *Cryptophialus minutus* と命名して記載した．

3章 学名と標本の役割

　先に述べたように，人間が生物を認識する上で，名前は重要な位置を占めている．これまで好き勝手に付けられていた生物の名前にルールを導入したのが分類学の父と呼ばれるリンネである．研究が進み，これまでに130万種もの動物種が記載されてきたが，名称が混乱すると分類が機能せず，ひいては分類を基本とした進化や多様性の研究もままならない．そのため，動物学者が集まって，動物の学名に関するルールである命名規約がつくられた．命名規約には，学名の安定性を保ち分類学的研究を促進するために重要な役割を担っている標本についてのルールも定められている．本章では，これら動物の学名と標本の役割について解説する．

3.1　動物の学名

　動物学の研究を進める上で，動物種を明示することは欠かせない．そのため国際的に共通で唯一無二の名称を各種に与える必要がある．リンネは種名を表すのに二語名法を採用し，『自然の体系』（第10版，1758年）で動物の種の学名を二語名に統一した．その後も，二語名法が用いられ，定着していった．二語名法は，2語で1つの種を表す方法である．たとえば，私たち人間の種名は *Homo sapiens* とされている．このうち *Homo* を属名，*sapiens* を種小名といい，これらを合わせて，1つの生物種であるヒトを示すこととしたのである．

　中世のヨーロッパではラテン語が公用語として用いられていたが，それまではラテン語による生物の名前もラテン語以外による生物の名前も混在しており，共通の学名として用いるには不便な状態であった．また，ある動物に名前が付けられた後に，その動物が複数種からなることが明らかになった場合，さらに1語を付け加えることによりそれらの種を区別するようなや

り方をしていた．そのため，とてつもなく長い名前になってしまうことがあった．たとえば，ミツバチは *Apis pubescens, thorace subgriseo, abdominale fusco, pedibus posticis glabris utrinque martine ciliatis* と名づけられていた．

このような不便な状況を脱するために，リンネは科学的な学名の命名法を統一した．まずは学名にラテン語を用いることとし，すべての生物名を2語の学名で表すものとしたのである．これによって，万人が生物の種についての認識を共有することができるようになり，分類学が学問として成り立っていく素地ができ，生物種に関する研究者間の議論ができるようになった．リンネは，2章で見てきた階層分類法とこの二語名法の，分類学で最も重要な2つの基準をつくり，近代的な分類学をスタートさせたのである．次の項の国際動物命名規約では，すべての動物種の学名を二語名とした『自然の体系』（第10版）を動物名の起点の1つとしており，1758年以降に公表された学名を対象として規約の内容を適用することとしている．

3.2　国際動物命名規約

リンネの基準で分類学が進歩していったが，記載された種の数が増加し，研究が汎世界的になるにつれ，リンネの基準だけでは間に合わないさまざまな問題が生じてきた．そこで，問題の解決をはかるために，動物分類学の分野では1961年に『国際動物命名規約』が定められた．国際動物命名規約は「生物の名称の普遍性と連続性をはかる」ことを目的としている．さまざまな言語が用いられている世界中で動物分類学の成果を共有できるようにし，動物の学名に混乱が生じないようにするために発案された．

国際動物命名規約はその後，何度か改訂されている．現在有効である第4版（2000年1月1日発効）は，18章にまとめられた90条の規約とそのほかの内容からなり，日本語版も出版されている（図3.1）．多数の国の動物学者からなる動物命名法国際審議会によって規約は作成され，現在では第5版に向けての改正事項が協議されているところである．

ここでは，国際動物命名規約（以下規約と称する）で採用されているルールの中で，動物分類学を学ぶ上で重要な，学名の規則，先取権の原則，タ

■ 3 章　学名と標本の役割

図 3.1　国際動物命名規約（第 4 版，2000 年）の表紙
英語版と日本語版.

イプの概念などの点について触れておく．また，分類学的研究において非常に重要な位置を占めている標本の役割についても，規約で触れられているタイプ標本と呼ばれる分類学的に特別な標本の重要性と合わせてこの項で考える．

3.2.1　学名の規則

　規約ではタクソンの学名に対していくつかのルールを定めている．動物の種の学名はリンネが確立した二語名法に従うとされ，ラテン語またはラテン語化された単語を用いて属名と種小名の二名で表記する．ただし，亜種（34 ページを参照）の場合は亜種小名を加えて三名で表す．また，亜属名が丸括弧に囲まれて挿入されていることもある．種の学名は斜体字で表す習慣となっている．亜属名や亜種小名がある場合はそれも斜体字とするが，属よりも上の階級の学名が斜体字とされることはない．規約では属名や亜属名は大文字で書き始め，種小名や亜種小名は小文字で書き始めることと定められている．規約では，学名にはウムラウトなどの発音符や数字，ハイフンなどを

3.2 国際動物命名規約

表 3.1　動物の種の学名の表記方法

Asterias　amurensis [マヒトデ]				
属名　　種小名				
Clypeaster　japonicus Döderlein [タコノマクラ]				
属名　　種小名　　命名者				
Podosphaeraster　toyoshiomaruae Fujita & Rowe, 2002 [トヨシオマリヒトデ]				
属名　　種小名　　命名者　　命名年				
Ophiothrix (*Acanthophiothrix*) *purpurea* Martens, 1867 [アカトゲクモヒトデ]				
属名　　亜属名　　種小名　命名者　命名年				
Tropiometra　afra　macrodiscus (Hara, 1895) [オオウミシダ]				
属名　種小名　亜種小名　命名者　命名年				

論文中などで，動物の種の学名を示す場合の書き方．
二語名法の単位である属名と種小名は必ず示さなければならない．

使ってはいけないなどという細かなことも定められている．動物に関するどのような論文においても，このルールで学名を記す．

　分類学の論文では属名と種小名の2つの後に，その学名を命名した命名者とその年が書かれていることがよくある．命名者や年は学名の一部ではなく任意に入れられるものであるが，分類学的な論文では，以下に述べるシノニム（synonym，異名）などの整理をするにあたり，誰がいつ命名記載した種の学名なのかを明示したいときに，命名者や年を入れることが多い．規約では論文中でこれらを1回は明示することを勧告している．命名者や年は斜体字とはしない．また，命名者や年が括弧で囲まれていることがあるが，これは最初に学名が設立されたときの属と違う属に後から移動されたこと（新結合と呼ぶ）を示している．表 3.1 に学名の例をあげる．

　科の階級の名称については語尾が定められており，上科名は -oidea，科名は -idae，亜科名は -inae，族名は -ini，亜族名は -ina を接尾辞として使う．たとえば，ヒトが属しているヒト科は Hominidae，ヒト科はオランウータン科などとヒト上科 Hominoidea を形成している（表 2.1 参照）．これら5つの階級以外には接尾辞に関する決まりはない．

3.2.2　先取権の原則

　種に対する学名は一対一対応でないと混乱が生じてしまう．ところが，実際には同じ種に複数の異なる学名が付けられてしまう場合もあれば，違う複

数の種に同じ名前が付けられる場合もある．同一種に2つ以上の学名が付けられた場合，それらをシノニムと呼ぶが，その場合は，後から付けられた学名は無効となる．2種以上に同じ学名が付けられた場合は，それらをホモニム（homonym，同名）と呼ぶ．この場合は後に付けられた種にその学名は適用されない．どちらの場合も，先に付けられた方をシニア（senior，古参），後から付けられた方をジュニア（junior，新参）と呼び分けるが，シニアの方が有効名となる．このように，基本的には先に名づけた方を優先するルールをとっており，先取権の原則と呼ぶ．

3.2.3 標本の役割

分類学的研究を行う上で標本は非常に大切な役割をもつ．標本は分類学研究の材料となるだけではなく，その標本をもとに行われた研究の論文の内容を保証する証拠（バウチャー）という役割がある．実験に基づく研究では，その結果に疑問が生じたときには，その実験を再現して確認する追試という作業が行われる．分類学の場合は，追試として，その標本を再度調べ直すのである．標本を使って行われる生態学的研究など，他の分野でも同じような状況があり得る．単一の種と思って個体群動態の研究を行い，結果をまとめたが，実際には非常によく似た種が混在していたという場合，研究に使用した標本の一部が保存してあれば，何らかの解決策を得ることができる可能性がある．

また，標本は，生物の保存や過去の記録という側面ももっている．近年の環境問題などで絶滅してしまった種の場合，標本があればその種に関する生物学的情報をそこから入手することができる．また，他の地域から人為的に持ちこまれた生物を移入種というが，さまざまな年の標本が存在すれば，その移入種がいつ頃移入したのかといった，過去の復元を行うことも可能となる．さらに，人為物質の汚染などで形態変化が生じた場合なども，その現象が生じた年代を推察するのに過去の標本が大いに役立つであろう．科学技術の進歩に伴い，100年前と現在では生物標本から得られる情報が大幅に異なっている．標本として保存してあれば，電子顕微鏡による細かな形態や，DNAやさまざまな化学物質の分析など，現在の新しい技術を利用して調べ

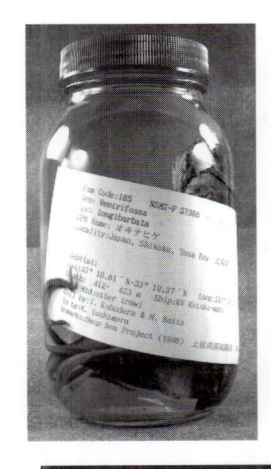

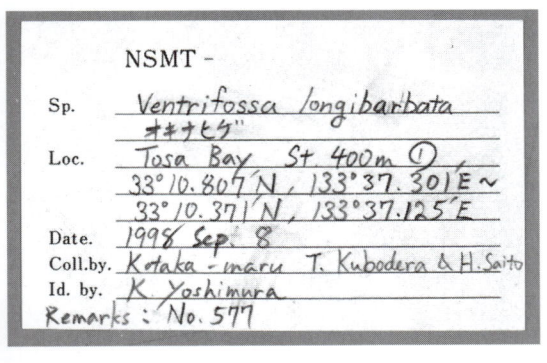

図 3.2　国立科学博物館の標本とラベル
魚類の液浸（アルコール）標本．最近は手書きだけではなくプリンターで印刷したラベルも使われている．アルコール標本に入れる場合，ラベルの紙やインクは水やアルコール耐性のものでなければならない．

直すこともできるのである．

　このような標本の役割を考えていくと，標本にとって，その標本のもつデータがとても重要な意味をもつことがわかる．博物館の標本には必ず標本のデータを示す標本ラベルが入れられている（図 3.2）．標本ラベルには，標本を採集したときの情報が書かれており，標本を採集する際には可能な限り多くの記録を残すことが大切である．採集地や採集年月日のデータが最も重要なデータとしてあげられるが，ほかにも，たとえば海底の動物ならば，水深や海底の底質などの採集地の環境も役に立つ情報である．また，次に解説

するタイプ標本の場合は，その標本がタイプ標本であることがはっきりとわかるようにラベルに明示することと，規約では勧告されている．

博物館では保管している標本を管理するために，標本台帳として，標本の一覧表を作っている．標本台帳にはこのような標本ラベルの情報も合わせて記入されている．最近では台帳の内容は電子化されていることが多く，その内容をホームページなどで公開している博物館も多い．

3.2.4 タイプの概念

規約では，タイプの概念を取り入れて学名の安定性をはかっている．タイプの概念とは「あるタクソンの名称はそのタクソンの構成員のうちから選ばれた唯一の構成員に一義的に付属する」というルールである．その「唯一の構成員」がそのタクソンの名称を担っているので，それを担名タイプと呼ぶ．

種というタクソンについて考えると，その種の単一の個体をタイプとして指定することとなる．学名は種に対して付けられているものであるものの，種が学名を担うのではなく，その種に属しているたくさんの個体のうちの1つの個体（標本）がその学名を担っているというのがタイプ標本の考え方である．

分類学では，もともと2種と考えられていたものが，研究が進むにつれて，本当は1種であることが判明したり，逆に1種と考えられていたものが本当は2種だったことが判明したりすることがあり，種が統合，分割，変更されることが頻繁に生じる．たとえば，1種とされたものに2種が混ざっているとわかった場合には，それぞれの種にどのような学名を付けるべきであろうか．元の学名を捨ててしまうと，元の1種と分かれた2種との間の継続性が断たれてしまうばかりでなく，新しく2つの学名をつくらなければならない．そこで，もとの種の学名をどちらかの種に引き継ぐとするならば，どちらの種が引き継ぐべきなのであろうか．

種を設立するときに，その種に含まれる個体の中から1個体を指定し，これに学名を担わせておけばすっきりする．種の設立に際して唯一の担名タイプとして選ばれた標本をホロタイプ（holotype）という．1種が2種に分かれた場合には，そのホロタイプが属する方の種が元の学名を引き継ぎ，別の

3.2 国際動物命名規約

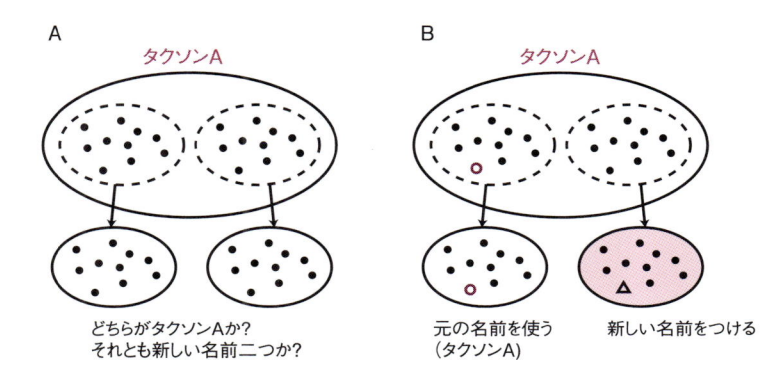

図 3.3 タイプの考え方
A：1つと考えられていたタクソンが2つに分けられた場合，どちらのタクソンに元の名前をつけるかが難しい．B：タイプ（○）が指定されていると，そのタイプを含むタクソンが元の名前を引き継ぎ，もう一つのタクソンには新しい名前を与えればよい．この時に，新しい名前が与えられたタクソンにもタイプ（△）を指定する．

種を新しい種として新たな学名を付けることとなる．当然，そのときには，新しい種のホロタイプとなる1標本が指定される．このように，種が分割されたり，統合や変更が行われたりするときにも，混乱をもたらすことなく学名をスムーズに引き継ぐことができるようにするために，タイプの概念が分類学で用いられ規約に取り入れられているのである（図 3.3）．

ホロタイプの指定は新種を設立したときに1回限り可能である．しかし，このような担名タイプの概念が分類学に浸透したのが20世紀半ばであるため，それ以前はホロタイプが指定されてない場合が多い．新種の設立が1標本だけに基づいている場合には，それをホロタイプと見なせばよいが，複数の標本に基づいて新種が設立された場合にはホロタイプを区別せず，用いられた一連の複数の標本をタイプシリーズと呼ぶ．その場合は，タイプシリーズの中から1標本を選び担名タイプとして指定することができる．これをレクトタイプ（lectotype）と呼ぶ．ホロタイプもレクトタイプも指定されていない場合は，タイプシリーズの複数の標本が担名タイプの構成要素として等しい価値をもった標本の集まりと見なされる．これらをシンタイプ (syntype)

と呼ぶ.

　標本は腐ったり，ほかの要因によりなくなってしまうことがありうる．ホロタイプ，レクトタイプ，シンタイプといった担名タイプが現存しないと信じられ，かつ，この種を客観的に定義するために担名タイプを指定する必要性が明瞭な場合に，新種設立後に採集された標本から1個体をタイプとして指定することができる．これを，ネオタイプ (neotype) という．レクトタイプ，ネオタイプはあくまでホロタイプがない場合の代替のタイプであり，規約では，新しい種を設立する際には，その時点でホロタイプ（またはシンタイプ）を指定しなければならないとされている．規約には，ほかにパラタイプ，パラレクトタイプといった担名タイプではない標本や，ハパントタイプという原生生物のためのホロタイプに相当する標本なども取り上げられている．

　担名タイプはとくに重要な標本なので，規約では，それらの標本の安全保管に責任ある人物に標本を委託することと定められている．また，担名タイプを保管している研究機関が，標本の安全管理や研究上の利用の便をはかるために負うべき責任に関しても勧告が出されている．

　このようなタイプの概念は，種よりも上位のタクソンにも適用される．属の場合，その属の中の1つの種をタイプ種として指定し，属の名称を担わせる．種の場合と同様に，属の場合も研究の進展につれて統廃合などが生じるが，そのときに名称をうまく引き継ぐためである．たとえば20の種からなる属があった場合，その属が2つの属に分けられてしまったら，どちらの種群に元からある属の名称を適用するかが問題になる．このときに，タイプ種が指定されていれば，その種を含む種群に対して元の属名を使用すればよいことになる（図3.3）.

　このときに肝要なのは，あくまで生物学的な実体としての種ではなく，種の学名（ホロタイプ標本が担っている）をタイプとしてとらえ，それに属の名前を担わせることである．そのことによって，研究が進み生物学的な種の実体が違うものに変化したとしても，あくまで名義を問題にすればよいので，名称の混乱を防ぐことができるのである．この考えをさらに上位のタクソンにも適用し，規約では科の名称を担うタイプ属も指定することとしている．

種におけるタイプは標本が関与し，科や属におけるタイプはあくまで名義の問題であるので，やや実際の内容は異なるものの，国際動物命名規約におけるタイプの概念は，名称には安定性が重要であるという考え方に基づいている．

3.3 分類学的研究と記載論文

　動物分類学では，まずは目の前にある多様な動物の姿を明らかにしていくために，それぞれの種の記載を行ってきた．記載とは，それぞれの種の形質を記述することである．そのようにして明らかとなった形質を元にして，系統分類の体系を組み立てていくのが基本的な方法である．同じように，さらに上位の階級についても，得られた形質をもとにして，それぞれのタクソンの定義を与え，形質の記載を行う．

　ここではまず，実際の動物分類学における記載の論文を見ていくことにする．先に解説した国際動物命名規約からも読み取れるように，動物分類学にはほかの生物学にはない独自の事情が生じていることがわかる．そのため，研究の進め方や研究論文のスタイルもやや異なった部分がある．図3.4には，新種記載の論文と，既知種の記載の論文を例としてあげておく．属やそれより上の階級の記載も，基本的には似たようなスタイルで書かれている．

　新種の記載の場合は以下のような項目がある場合が多い．学名がまず最初に記され，新種であることを明示する new species（n. sp. と短縮される．また，新種を意味するラテン語の短縮形を用いて sp. nov. などと書かれている場合もある）を学名の後ろに付ける．これは規約で定められている．形態の記載では，図や写真が非常に多くの情報を含み有用であるとともに，この種全体の特徴を含む図や写真であることも多いため，この例のように図の番号が最初に上げられている場合が多い．

　次に，この種の記載のための材料となった標本について書かれている（Material examined, Specimens studied など）．ここでは，ホロタイプの指定が重要である．博物館やそのほかの研究機関では，特定の標本を明瞭に指定するために標本番号を付けている場合が多い．通常は，機関の名称の略号

A

Rhynocrangon rugosa sp. nov.

(Figs. 1–5)

[New Japanese name: Karuishi-ebijyako]

Material examined. Holotype. NSMT-Cr 18232, ovigerous female (cl 7.6 mm), RV *Wakataka-maru*, 2007 cruise, stn B150, off Kuji, Iwate Prefecture, northeastern Japan, 40°14.98′N, 142°06.64′N to 40°13.31′N, 142°7.38′E, 156 m, 14 October 2007, otter trawl, coll. H. Komatsu and K. Hasegawa.

Paratypes. NSMT-Cr 18233, 3 ovigerous females (cl 6.8–7.9 mm), same data as holotype; CBM-ZC 9475, 1 female (cl 6.2 mm), 2 juveniles (cl 2.3, 2.4 mm), off Usujiri, southern Hokkaido,

...

Diagnosis. Rostrum depressed dorsoventrally, arched over eyes, abruptly narrowing distally to upturned or vertically erect terminal projection, with clearly delimited anterolateral angles; dorsal surface concave with strongly raised lateral margins. Carapace wider than long postorbitally, with blunt, broad, roughly sculptured middorsal

...

Description. Ovigerous females. Body (Fig. 1) very stout. Integument well calcified, firm; surface fairly sculptured.

Rostrum (Fig. 2A–B) about 0.3 times as long as carapace including terminal projection, broad, in dorsal view generally subrectangular (somewhat narrowed anteriorly), strongly arched over eyes; distolateral angles well defined, rounded; dorsal surface concave with lateral sides strongly elevated as blunt ridges; terminal projection short, acute, notably upturned; ventrolateral surface concave to accommodate eyes.

Carapace (Figs. 1, 2A–B) postorbitally wider than long, surface with covering of short setae. Middorsal ridge broad, roughly and irregularly

...

Distribution. So far known only from three localities in northern Japan, Ohmu and Usujiri (Hokkaido) and off Kuji, Iwate Prefecture; at depths of 13–156 m.

Habitat. The paratype specimens from Usujiri, Hokkaido, were collected from substrates mixed with volcanic pebbles (occasionally bearing calcareous algae) and coarse sand. The shrimps were kept alive for a short duration in an aquarium and fixed with the collected substrate. The similarity of the shrimps to the pebbles was remarkable, suggesting mimicry. Burrowing behavior was not observed.

Remarks. The new species is closer to *Rhynocrangon alata* than to *R. sharpi* in the general structure of the rostrum, the development of the armature of the carapace, and the sculpture of the pleon. *Rhynocrangon rugosa* sp. nov. can be readily differentiated from *R. alata* by the following characters.

(1) The rostrum of *R. rugosa* abruptly tapers to a terminal projection with distinctly formed an-

...

Etymology. Named from the Latin rugosus (=wrinkled), in reference to the characteristic sculpture of the body integument, used as an adjective.

Key to species of *Rhynocrangon*

1. Rostrum compressed laterally, not arched, erect; carapace with 3 prominent middorsal teeth and with 2 sharp teeth on branchial region posterior to hepatic tooth.........*R. sharpi*
— Rostrum depressed dorsoventrally, arched, directed forward; carapace at most with 2 small middorsal teeth; no teeth on branchial region posterior to hepatic tooth..................2
2. Rostrum gradually tapering distally; carapace with 2 small middorsal teeth; branchiostegal tooth vertically compressed ....*R. alata*
— Rostrum abruptly tapering with distinct anterolateral angles; carapace without teeth on dorsal midline; branchiostegal tooth laterally depressed ....*R. rugosa* sp. nov.

B

Dimerosaccus oncorhynchi (Eguchi, 1931)

(Figs. 8 and 9)

Allocreadium oncorhynchi Eguchi, 1931: 21–22; Eguchi, 1932: 24–28, 1 pl., figs. 1–6.
Plagioporus oncorhynchi: Peters, 1957: 140.
Dimerosaccus oncorhynchi: Shimazu, 1980: 164, 166, figs. 1–7; Shimazu, 1988b: 10–11, figs. 5–7; Shimazu, 2000: 25–26, figs. 11–13; Shimazu and Urabe, 2005: 4–5, figs. 4–7.
Plagioporus honshuensis Moravec and Nagasawa, 1998: 283–284, fig. 1.

Specimens studied. Thirteen and 48 mature specimens (NSMT-Pl 5528 and 5529) found in the intestine of *Oncorhynchus masou ishikawae* Jordan and McGregor in Jordan and Hubbs (Salmonidae) from the Kainose (sampling site, F) and Sasamudani (L) rivers, respectively; 1 immature and 2 mature and 11 mature specimens (NSMT-Pl 5530 and 5531) found in the intestine

Description. Measurements taken on 5 large, gravid specimens from *Oncorhynchus masou ishikawae*, with those taken on 5 large, gravid specimens from gobiids (6 species of *Rhinogobius* and *Tridentiger brevispinis*) in parentheses. Body 2.64–3.12 by 0.91–1.12 (1.24–2.36 by 0.51–0.85); forebody 0.88–1.12 (0.56–0.96), occupying 33–37% (37–45%) of total body length.

...

Discussion. The specimens obtained from *Oncorhynchus masou ishikawae* differ from those obtained from the gobiids in that the body is larger; that the ventral sucker is located slightly more posterior; and that the anterior distribution of the vitelline follicles is limited more posteriorly, namely, usually postbifurcal instead of prebifurcal. They closely resemble one another in other morphological features. It is uncertain that the above differences are sufficient to separate species. All the present specimens are assigned at present to *Dimerosaccus oncorhynchi* as described by Eguchi (1931, 1932), Shimazu (1980, 1988b, 2000), and Shimazu and Urabe (2005).

Fish species previously recorded as the final

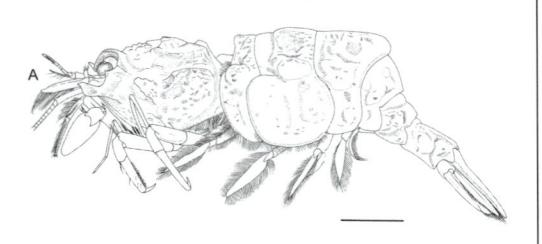

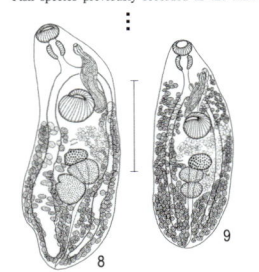

...

図3.4 種の記載論文の例
国立科学博物館研究報告に掲載されたエビ類の新種の記載論文の一部（A）と吸虫類の既知種の記載論文の一部（B）を示す．（Komai & Komatsu, 2008, Shimazu, 2008 を引用）

が頭に付けられ，どこの機関の標本かがわかるようになっている．たとえば日本の国立科学博物館であれば，頭に NSMT が付けられている．

　判別文（Diagnosis，ダイアグノーシスとも言う）は，その種と近縁な種とを比較して，その違いのポイントを簡潔に記したものである．次の記載（Description）の部分で，この種の形質が詳しく説明される．学術誌によるが，記載論文では，電文形式を用いて，英語では be 動詞などを省略するような書き方にしているものも多い．その後に，議論（Remarks, Discussion など）として，ほかの種との類似点や相似点をまとめて，新種とした根拠や，そのほかの分類学的な問題点などが述べられる．動物の系統分類を考える上で，地理的な分布範囲は非常に重要であるため，分布（Distribution）は項を立てて書かれていることも多い．また，新種の記載の場合は，名前の由来（Etymology）が書かれている．

　既知種の場合でも基本的な枠組みは同じであるが，少し異なる点もある．既知種の場合は，学名の後に命名者と命名の年がよく添えられている．この例では，図の番号の次に書かれているが，異名表というシノニムのリストがあげられている場合が多い．異名表では，学名とその種を取り扱っている引用文献が列記されており，非常に多くの分類学的な情報を含んでいる．細かい点であるが，命名者・命名年の表示と引用文献との区別を明瞭にするために，原記載（新種を設定した最初の論文）以外を引用するときには，学名と引用文献との間を何らかの句読点（この例ではコロン）で区切ることによって区別をする．

　異名表を見ると，とても古い文献が取り上げられていることがわかる．先取権の原則から，新種を設定した原記載が重要であり，分類学では古い論文も読む必要があることが多い．また，とりわけ古い論文では英語以外の言語で記載されている場合も多いので，さまざまな言語の論文を読む必要があることも多い．古くて入手しづらい文献を収集し，また多数の文献を読みこなすことには，大きな苦労が強いられているのが現状である．生物学のほかの分野では，もちろん時に古典的な論文を引用することはあるものの，分類学とは大きく状況が異なっており，基本的にはあることが明らかになったら，

■ 3章　学名と標本の役割

そこを前提として次のステップの研究を進めていくので，ごく最近の論文を参照すれば済む場合が多いであろう．

　このことは分類学の進展にとって大きなハードルになっていると思われる．文献の入手については，文献のデータベース化やデジタル化によって多少は容易になる可能性があるかもしれないが，常に研究の歴史を最初まで遡（さかのぼ）らなければならないとすれば，やはり苦労は大きいであろう．あるタクソンについてこれまでの分類学的情報をまとめて整理することをレビジョン（revision）と呼ぶ．きっちりまとめられたレビジョンの論文を出発点として，それより過去の文献を（ほとんど）さぐらずにそれを土台として研究を進められるような体制作りができれば，分類学の研究はより進展することになるかもしれない．

コラム3
動物の学名の由来

　Nipponia nippon．絶滅が危ぶまれているトキの学名である．トキはシーボルトが日本からオランダへ送った標本で記載され，そのときは *Ibis* という属に含められて，*Ibis nippon* と名付けられた．後に *Nipponia* という独立した属がつくられることとなり，*Nipponia nippon* という，日本という国を象徴するような組合せの学名となった．ちなみに，このような学名のトキであるが，国鳥は名前で選ばれるわけではなく，日本の国鳥はキジである．

　動物の学名にはさまざまな由来がある．学名は基本的にはラテン語として扱われ，ラテン語やギリシャ語を語源とする場合が多く，ギリシャ神話に登場する神様の名前なども多数取り入れられている．普通は体の特徴を示したり，採集された場所を示したりすることが多いため，学名を見るとその種の形態や地理分布の特徴がわかることがある．また，著名な研究者や採集家など，その動物にまつわる人物の名前にちなむことも多い．

　最近では，変わった名前の学名も多い．あるクモ類に対して名付けられた *Hortipes terminator* の種小名はターミネーターだ．命名者によると，雄の触肢の脛節（けいせつ）にある口側面突起（こうそくめんとっき）が未来的な銃を思わせるとのことだ．寄生性の等

クモの1種 *Hortipes terminator* の雄の触肢．（Bosselaers & Jocqué, 2000 を改変）

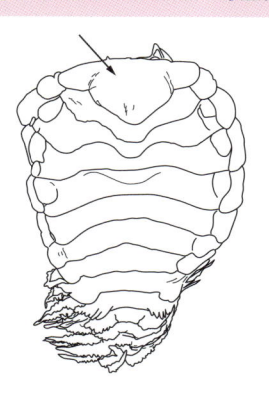

寄生性の等脚類 *Albunione yoda* の雌の背面．（Markham & Boyko, 2003 を改変）

■3章　学名と標本の役割

脚類（甲殻類）には *Albunione yoda* という名があるが，これはスターウォーズのヨーダである．雌の頭部が長い耳をもつヨーダの頭に似ていることによる．マダガスカルの蟻には *Proceratium google* なんていう名もある．ご存じのインターネット検索エンジンにちなんでいるが，この蟻は餌を探索するのが非常に上手だそうだ．

　日本語の入った学名としては，魚類に *Sayonara* という名の属がつくられた．*Sayonara* 属には2種の魚が記載されたが，これら2種はカスミサクラダイという別の属の魚のシノニムであることが判明し，残念ながら現在は *Sayonara* 属は使われていない．深海の熱水鉱床に生息しているエビ類には，*Shinkaicaris* という名のエビがいる．近縁のエビには *Alvinocaris*，*Mirocaris*，*Nautilocaris* とあるがこれらはみな，潜水調査船の名にちなんでおり，米国のアルビン，ロシアのミール，フランスのノチールから名付けられている．そして *Shinkaicaris* は日本の潜水調査船「しんかい6500」からとってその名が付けられた．多毛類のウロコムシの仲間には，そのまま *Shinkai* という属名もある．

　アクロニム（頭字語）が名の元になることもある．最近付けられた面白い名前としては，ミズダニ類の1種に *Vagabundia sci* という名がある．属名の方はスペイン語に由来して「さすらい人」という意味だ．種小名は研究者であればみな知っているアクロニムで，Science Citation Index のことである．研究論文の引用を示すSCIであるが，引用される頻度が論文の「良し悪し」の評価のためなどに使われるようになってきた．現在，このような index を元にした数値は研究を進める上で避けて通れないようになってきているが，命名者は，記載論文の中で，分類学に与えた SCI の影響について触れているので，興味のある人は読んで欲しい．

　筆者が研究対象としている棘皮動物のクモヒトデ類では，超深海に生息するクモヒトデに *Uriopha* という属名がある．この属名は，リンネによってクモヒトデ類に最初に与えられた属名である *Ophiura* のアナグラムである．すなわち文字の順番を入れ替えただけなのだが，うまくラテン語のような響きに並び替えられているのはお見事である．

　命名規約の条件さえ満たせば自由に命名することができるが，長く残り広く使われる学名である，やたらな名前は付けられない．学名を付けるとき，分類学者はかなり悩みつつ，さまざまな工夫を凝らして命名している．

4章　動物系統分類学の方法

　地球上の生物多様性をもたらすこととなった究極要因は進化である．現在では，進化を生じさせる機構として，自然選択を基本とするダーウィンの進化論を中心に据え，その後に得られたさまざまなデータを加えた「総合説」が主流となっている．進化論によって，分類学は系統と結びつくこととなった．本章では，現在の多様な動物の姿を，その系統進化を踏まえて明らかにしていこうとする動物系統分類学がどのような方法で研究されているかに重点をおいて解説することとする．まずは，系統分類を行ううえでの単位となる「種」とはどういうものか，その種が複数の種に分かれる種分化がどのようにして起こるのかについて述べる．次に，進化の過程で種の分化や消滅がくり返し起こることにより生じた現在の動物の姿から，過去の歴史である系統をどのように推定するのかを学ぶ．

4.1　種と種分化

　系統分類学では基本的に「種」というものを単位として扱っている．階層分類の単位のうち，種だけは生物学的な単位であり，属以上の単位は任意にそのレベルが決められている．進化やそれによって生じた系統を考える上での基本的な単位となっているのが種であり，種分化によって新たな種が生じることで進化が進んできた．これまでの章でも「種」という言葉を使ってきた．しかし，一口に種と言っても，研究が進みその実体が明らかになるにつれ，その扱い方は非常に難しくなりつつある．ここでは，種をどうとらえ，種分化がどのように生じるかを考えてみたい．

4.1.1　生物学的種概念

　分類学では，さまざまな形質を見て，それらの形質の類似や差異の程度に基づき，種を認識している．もう少し具体的なイメージで考えると，クラス

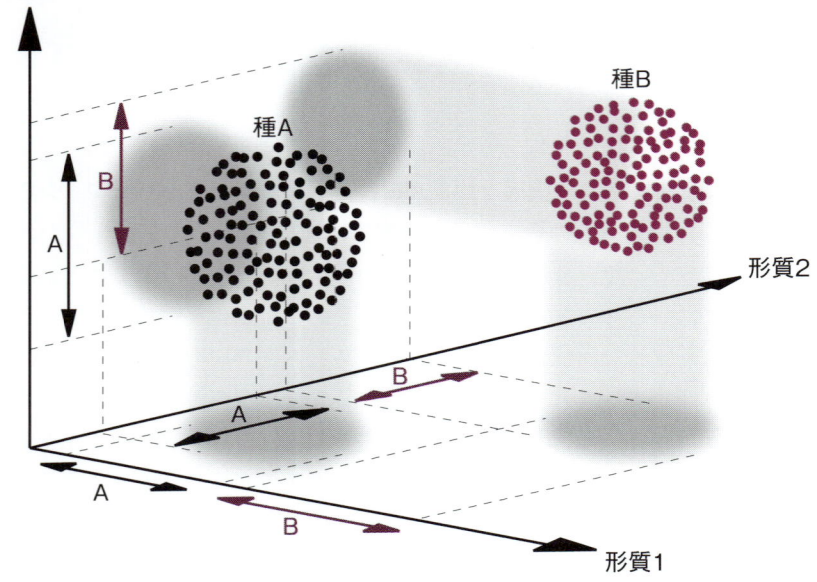

図4.1 形質の類似性からの種の認識
各点は1個体の3つの形質の状態を示しており，形質の分布にギャップがあることからAとBの2種が認められる．この例では，形質3に関しては2種間で重複があるものの，形質1と形質2でみれば2種が識別されることを示している．

ターをつくることによって分類を行ってきた．多くの形質を多次元平面で考え，各生物個体の形質に基づき個体の点をプロットしていくと，「似ている」個体のかたまりができる．そのかたまりと，別の同じようなかたまりとの間に「ギャップ」があったときに，それら2つのかたまり，すなわちクラスターを別の種として識別するのである（図4.1）．

　このように，形質の類似性で種というものを認識してきたが，形質の類似性では種を厳密に定義することはできない．たとえば，個々の種内にも，明確に形質が異なる複数の型に分けることができる「多型」があることが知られている．同一の種でも，雌雄で形態が異なったり，幼体と成体とでまったく形態が異なったりすることがある．では種とは何なのか．分類学者は従来

より，種は形質で定義される集団ではなく，親子の関係で互いに結ばれうる集団であるということを理解はしていた．

1900年にメンデルの法則が再発見され，遺伝学がめざましく発展し，遺伝という現象を集団でとらえられるようになり，種内には変異があることも正しく理解できるようになり，個体が「似ている」意味もはっきりしてきた．このような遺伝学の成果を踏まえて，分類学者のマイアは1942年には(後に少し改変して)，種を「互いに交配しうる自然集団で，ほかのそのような集団から生殖的に隔離されている集団」と定義した．このような種の定義は，生物学的種概念と呼ばれているが，内容的には遺伝学的に種を考えようとするものである．同時期に，遺伝学者のドブジャンスキーや進化生物学者のハクスリーもほぼ同様の遺伝的な種の考え方を提唱している．生物学的種概念によって，属以上のタクサとは異なる種の実体が明らかになり，形質の「ギャップ」というのが，生殖的な隔離による結果であり，種は生物学的に意味のある集団であるという根拠を得ることとなった．

一方，生物学的種概念が提唱されたことにより，これまでの形質に基づいてつくられてきた種は見直しを迫られることになるが，現実には，生物学的種概念で定義されている生殖隔離が実際にあるかを，すべての種で確認するのは不可能である．そのため，今でも多くの場合は，形質のギャップからの類推によって種という単位を見つけ，それによって種の記載を行っている．

生物学的種概念には問題点もある．1つは，すべての生物に適用することができない点である．定義からして，無性生殖のみを行い遺伝物質を交換し合わない生物（たとえば分裂によって増殖する生物）には適用することができない．また，時間軸を考えにいれると，祖先から子孫へとつらなる遺伝的な流れをどこで種として分離するかという問題も生じてくる．1991年，分類学者のワイリーはこれらの問題を考慮し，古生物学者であるシンプソンが提唱した，生物学的種概念に時間的な変化を導入した進化学的種概念を受けて，祖先から子孫へと遺伝的に連なる個体群の「系列」を進化学的な「種」としてとらえることとし，「他の類似の系列からの独自性を維持し，独自の進化的傾向と歴史的運命をもった単一の系列」と種を定義した．これであれ

ば，無性生殖をする種にも適用可能で，時間軸を含んだ考えなので，化石種にも適用しやすい．しかし，このような定義にすると，個々の種を認識し識別するための基準の設定が難しくなってしまい，種分化や種内構造の研究を実際に行う上で困難が生じてしまう．

また，次項以降で見ていく系統学的な考え方から提案された系統学的な種概念も提案されている．このように，生物学的種概念は万能ではないため，それに代わるたくさんの定義が提案されてきているが，すべてに万能な定義はこれまでなされていない．系統分類学の研究を進める上では，どのように種をとらえれば，目の前にある明らかにしたい現象を正しく理解できるのかということに応じて，種という単位を考えるべきであるように思われる．

リンネ式の階層分類体系においても，動物では種の下には亜種の階級が置かれている．基本的には，同種内の異なる亜種は，特定の地域に分布しており，ほかの亜種と区別される固有の形質をもつ集団を指す．互いに分布域が重なり合わないが（そのため地理的亜種とも呼ばれる），潜在的には交配可能である．亜種の場合も種と同様，どのように定義するかが問題視されることも多い．

4.1.2 動物における種分化の機構

生物学的種概念で考えられているように，遺伝的な交流がある集団が1つの種であるが，このような集団から，何らかの形で遺伝的な交流が切り離された集団が生じると，新しい種が形成されることとなる．これを種分化（speciation）と呼ぶ．どのようにして種分化が生じるのかについてはさまざまな仮説が提案されてきたが，大きく分けるともともとの種と新しく生じた種との地理的な位置関係に基づき，異所的種分化（分断的種分化，周縁的種分化），側所的種分化，同所的種分化に分けられている（図4.2）．どの場合でも，生殖隔離によって遺伝子の交流が妨げられた状態となることにより，ある集団が元の集団から分離し，分離した集団に元の集団とは異なる遺伝的な変化が生じ，新しい種が形成されることとなる．

異所的種分化（allopatric speciation）の場合は，地理的な隔離などの外的な要因によって遺伝交流がなくなり，両集団間に生じた遺伝的な違いから生

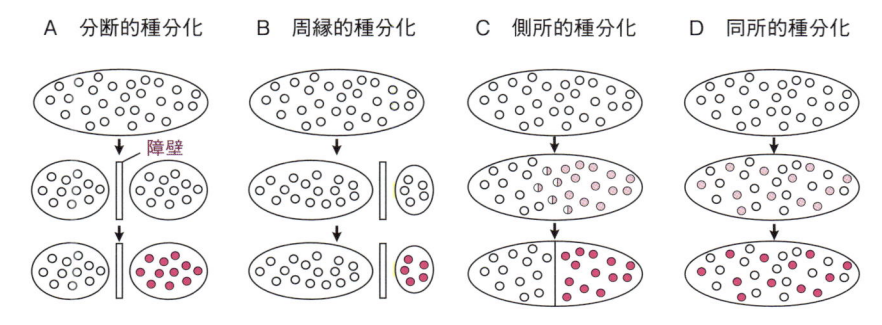

図 4.2　種分化の様式
異所的種分化（分断的種分化，周縁的種分化），側所的種分化，同所的種分化．異所的種分化や側所的種分化の場合，生殖的隔離が生じた後に，再び 2 種の分布範囲が重なり同所的に生息するようになっても，もはや遺伝的な交流はなく種分化が完成する．

殖隔離が生じると，もはや両集団が出会っても繁殖が行われることはなく，種分化が起こることとなる．側所的種分化や同所的種分化では，繁殖集団内で何らかの生殖隔離が起こり，別々の繁殖集団が生じていくことにより種分化が起こる．

　生殖隔離の成因は，交配前隔離と交配後隔離に分けて考えられることが多い．交配前隔離には，繁殖の季節や交尾の時間が異なるなどの時間的隔離や，分布範囲や生息場所を違えているような生息地隔離などによる接触機会の減少，配偶行動がかみあわない行動的隔離や，生殖器の形態がかみあわない機械的隔離などによる交尾頻度の減少などがある．交配後隔離では，たとえ雑種ができたとしても，雑種が生存不能，不妊などになることにより，隔離が生じる．

　種分化は短時間で完結するようなものではないので，種分化の過程を実際に観察するのは困難である．種分化がどのように生じているのかの実態を明らかにするためには，現在種分化が進行していると考えられる 1 つの種，もしくは，ごく最近まで同一種であったと想定される複数の種（姉妹種などと呼ぶ）を対象として，生物地理学的もしくは系統地理学的な研究を進めることによって証拠を集める手法がとられる．種分化はまさに遺伝的な分化に

よって生じるため，後から述べる遺伝子による分子系統学的な手法によって，種分化の研究は大きく発展することとなった．

　カリブ海と太平洋とを遮るパナマ地峡は約300万年前に隆起したと考えられている．パナマ地峡の両側で姉妹種となっているテッポウエビ類7組で，各姉妹種間における交配の実験を行ったところ，生殖隔離が起きていることが確認された．姉妹種であることは分子系統解析によって確かめられており，実際にこれらは900万年前から300万年前にそれぞれ別々の集団に分かれたと推定されている．より深い海底にすんでいる姉妹種ほど古くに分かれており，浅いマングローブにすんでいる姉妹種が最も新しく分かれた．このことは，最終的に地峡となって海が閉じる前に海流の変化などが生じ，深い所のエビの方が早い時期に遺伝交流がなくなったことと対応していると考えられた．このように独立した大きな複数の個体群に分断されるような異所的種分化を分断的種分化という．一方，ごく少数の個体からなる個体群（創始者と呼ぶ）が新しい生息地に移住し，その後，遺伝的分化が進むことによって別の種となるような異所的種分化を周縁的種分化という．小集団の場合は集団内の遺伝子頻度が世代間で大きく変動しやすく，遺伝的浮動と呼ばれる世代間での偶然的な変動によって急速に遺伝的変化が起こりやすいため，種分化が進みやすいと考えられる．

　異所的種分化では遺伝子交流を妨げる地理的な障壁を考える．そのような障壁の1つの典型は陸上動物にとっての海である．そのため島ではたくさんの種分化の研究がなされてきた．南米エクアドルの西約1000 kmの太平洋上にある10を超える島々からなるガラパゴス諸島には，くちばしの大きさや形などが異なる13種のダーウィンフィンチが分布している（図4.3）．各島には島の大きさなどに応じた数の複数の種が生息している．ガラパゴス諸島は徐々にでき上がってきており，島の数の増加とダーウィンフィンチの種数の増加を，時間を追って見てみるとうまく一致していることがわかる（図4.3A）．このことは島の数が種分化の制限要因となっていることを意味しており，各島ができた後に周縁的種分化が起こり，新しい種が分化してきたことを示唆している．このように祖先の種から，新たに生じた生息場所などで

4.1 種と種分化

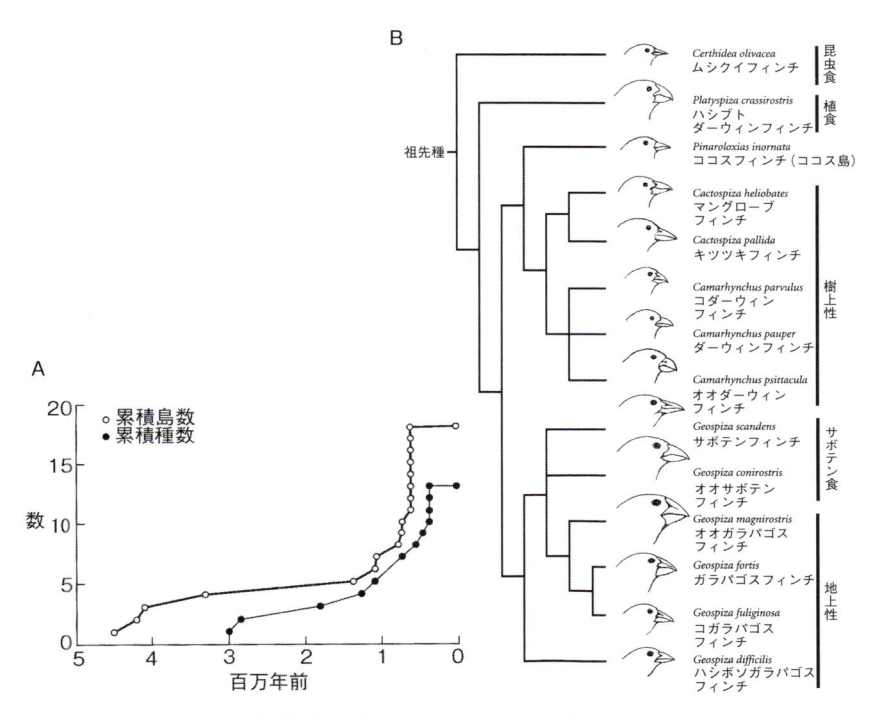

図 4.3　ガラパゴス諸島のダーウィンフィンチの種分化
島の数の増加とともに種数も増加した．クチバシの形などが異なり，生息場所や食性もさまざまな種が放散によって生じた．（A：Grant & Grant, 1996，B：Futuyma, 2005 を改変）

種分化をくり返すことにより多数の種が生じる現象を放散と呼ぶ．
　淡水魚は陸上や海を移動することができないので，同一種であっても水系ごとに遺伝的分化が進んでいる．たとえばメダカは，日本国内では，北日本集団と南日本集団に大別され，形態や生態が異なっている．これらの集団は遺伝的にはっきりと区別される状態であり，かなり以前から両集団が隔離されてきたことを示しているが，まだ飼育下では交配が可能で子孫を残すことができる状態にある．両集団の境界の一部である山陰地方東部では両集団の雑種に起源すると推定される集団も見つかっている．現状では両集団は亜種の段階と考えられ，種分化が進みつつある過程を見ていると考えることがで

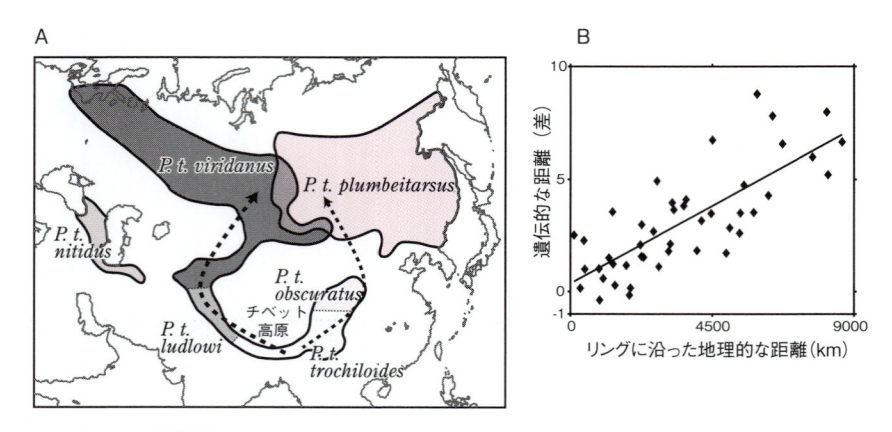

図 4.4　輪状種
A：アジア大陸におけるヤナギムシクイ *Phylloscopus trochiloides* の各亜種の分布．
B：地理的距離と遺伝的差異との関係．（Irwin *et al.*, 2005 を改変）

きる．

　ある 1 種が地理的な障壁を取り囲むように分布域を拡大し，やがてリング状につながった状況を輪状種という．隣接した個体群の間では遺伝子の交流があるものの，距離が離れるにつれ，ほとんど交流がない状態となり，リングがつながる頃には，末端の個体群の間では遺伝的な差がかなり大きくなり，生殖隔離が生じている状態に至っている．アジア大陸に分布しているヤナギムシクイという鳥は，6 つの亜種に分類されており，チベット高原をかこむように分布している（図 4.4）．ヒマラヤに生息していた祖先種が，250 万年前にチベット高原を取り巻くように北へ向かって東西に分布を拡大し，シベリア平原で出会ったと考えられている．分布域が拡大するにつれ，その両端では遺伝的に少しずつ異なっていき，それに伴い，雄が交尾相手の雌を引きつけるためのさえずりのパターンが少しずつ異なるようになった．リングの北側では両方からの 2 亜種が共存しているが，これら 2 亜種はさえずりの声の違いが大きく異なって交配しない状態になっている．分子解析によって，地理的な距離と遺伝的な差異が相関していることも確かめられた．輪状種では地理的な障壁によって遺伝子の交流が隔離されたわけではないが，地理的

な距離などにより遺伝子の交流が妨げられる要因があれば生殖的隔離が起こり，種分化が生じうることを示している．

　異所的種分化では地理的な障壁がきっかけとなって遺伝的な分化が進むが，側所的種分化（parapatric speciation）や同所的種分化（sympatric speciation）ではそのような障壁はなく，実際に遺伝子が交流できる状態で遺伝的な分化が起こる．したがって，まず遺伝子の交流を阻止するような生殖隔離が生じなければ種分化は起こらない．これらの非異所的な種分化が，進化の過程で実際にどれくらい起こってきたのかはあまりはっきりわかっていない．最近では分断化選択（交雑個体や中間的な形質が不利になるような自然選択）などを基にする理論的な研究が盛んに行われている．

　側所的種分化を引き起こす原因として考えられる例には，地理的な環境の傾斜が生じ，その結果，異なる環境の地域を占める同種集団の間に異なる選択圧がはたらくことがあげられる．そこで選択される形質が何らかの形で生殖隔離に関わっていれば，それによって遺伝子の交流が低下し，やがて種分化が生じると考えられる．

　同所的種分化の生殖隔離の成因としては，植物でよく知られる染色体の倍数化が1つの例としてあげられる．倍数化のようにたった一世代で生じるような変異によって，ほかの個体と生殖的な隔離を起こすような変異が生じれば，種分化が同所的に起こりうる．動物でも，わずかではあるが倍数化による生殖隔離が知られている．北アメリカに生息するコープハイイロアマガエルとハイイロアマガエルは形態が非常によく似た姉妹種であるが，両者は染色体数が異なり，コープハイイロアマガエルは $2n = 24$ の二倍体，ハイイロアマガエルは $2n = 48$ の四倍体である．二倍体のコープハイイロアマガエルの倍数化が過去に最低3回独立に起こり，四倍体が生じたと考えられている．倍数性の変化と同時に，雄が雌を誘引するための鳴き声もやや変化し，雌は自分と同種の雄の鳴き声を選択することにより，種分化が起こったと考えられている．

　このような種分化はどれくらいの速度で起こるのであろうか．生殖隔離が始まってから完成するまでの時間は，ショウジョウバエの同所的種分化では

8〜20万年，異所的種分化ではそれより遅く110〜270万年と推定されている．両生類や鳥類などでは150〜550万年と推定されている例がある．

4.2 階層分類と系統樹

先に見たように，現在の動物の姿である階層分類体系は，ベン図で表現することができる．ベン図のそれぞれの丸は，それぞれのタクソンとしてとらえられる．ベン図と同じしくみで階層分類体系を表現する方法としてニューウィック・フォーマットがある（図 4.5（3））．ベン図において丸で囲む代わりとして，括弧を用いて表現する．一方，系統は歴史の表現であり，時間を追った変化を示すが，系統を表現するのに最も適切な方法は系統樹（phylogenetic tree）である．系統樹は樹状図という枝分れする線で系統を表現する．現在の生物から祖先へと線をつないでいくと，共通の祖先から生じた種はどこかでつながることになる．樹の成長方向は時間軸を意味する．種分化のプロセスは二分岐で進行すると仮定することが多いため，通常，系統樹は二分岐で表現される．枝の長さを無視した系統樹の分岐のパターンのことを樹形と呼ぶ．系統樹の樹形とベン図とは対応させることができる．そのため，ベン図やニューウィック・フォーマットは系統樹の樹形を表現する方法としても用いることができる．

系統がわかった場合にどのように階層分類を設定するのがよいかを考えてみよう．図 4.5 の（1）のような 7 種からなる系統樹が得られたとする．系統樹を一段ずつ下にたどっていくと，少しずつ入れ子をつくっていくことができる．段階 1〜4 の位置で入れ子状にくくり，階層状の分類体系をつくることができる（図 4.5（2））．分類階級は任意のものであるが，ここではそれぞれを属，科，目，綱とし，名前を与えておくこととする．このようにして，この 7 種は 1 綱 2 目 3 科 4 属に分類されることとなる．このようにしてできた分類体系は分類表として全体を示すことができる（図 4.5（4））．表のスタイルはいろいろ工夫できるが，その 1 つとして，インデントで階層を表した方法がよく用いられている．

ここで系統樹をもう少し詳しく見ておこう（図 4.6）．系統樹は歴史の表現

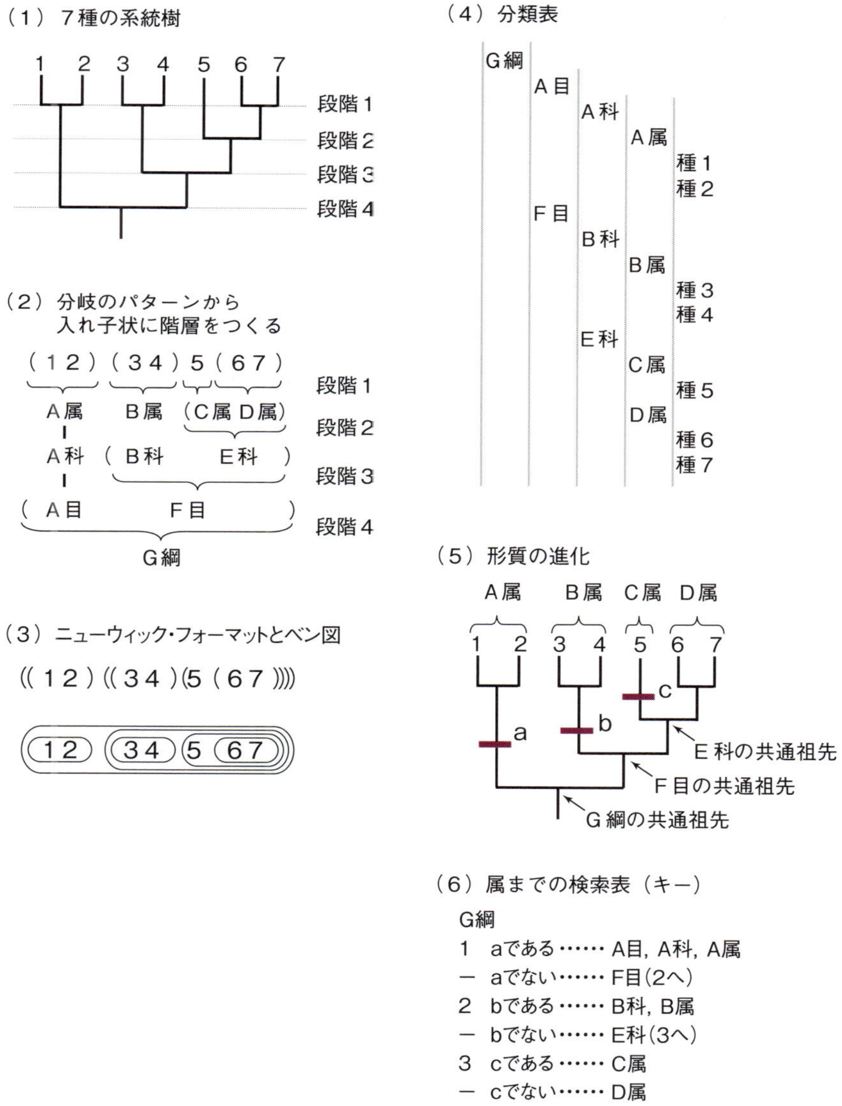

4.2 階層分類と系統樹

(1) 7種の系統樹

1 2 3 4 5 6 7
段階1
段階2
段階3
段階4

(2) 分岐のパターンから入れ子状に階層をつくる

(1 2)(3 4)5(6 7) 段階1
A属 B属 (C属 D属) 段階2
A科 (B科 E科)   段階3
(A目   F目   )   段階4
      G綱

(3) ニューウィック・フォーマットとベン図

((1 2)((3 4)(5(6 7))))

(12)(34)5(67)

(4) 分類表

G綱	A目	A科	A属	種1
				種2
	F目	B科	B属	種3
				種4
		E科	C属	種5
			D属	種6
				種7

(5) 形質の進化

A属 B属 C属 D属
1 2 3 4 5 6 7
        c
    a b
         E科の共通祖先
         F目の共通祖先
         G綱の共通祖先

(6) 属までの検索表 (キー)

G綱
1 aである …… A目, A科, A属
－ aでない …… F目(2へ)
2 bである …… B科, B属
－ bでない …… E科(3へ)
3 cである …… C属
－ cでない …… D属

図4.5 系統樹と階層分類との対応
系統樹が得られると,それに対応する分類体系をつくることができる.また,系統樹で形質の進化を把握することができ,それは検索表と対応づけることができる.

であるため，過去も表現している．系統樹は各点を線が結ぶ構造となっている．隣接する 2 点を結ぶ線は祖先－子孫関係を表しており枝と呼ぶ．点には末端の点と内部にあり分岐する点（節という）があるが，末端にある点は OTU（操作的分類単位）と呼ばれ，実際に解析対象としている分類単位である．分岐点は HTU（仮想的分類単位）と呼び，仮想的な共通祖先となる分類単位が対応する．実際には，種や地方個体群，種よりも上位の属や科を代表する個体などが OTU として解析されることとなる．

　系統樹には，その「根」に相当する共通祖先からの分岐点が示されている形（有根系統樹）と示されていない形（無根系統樹）がある．たとえば，4 個の OTU の無根系統樹には 5 本の枝があるので 5 か所に根がある可能性があり，同じ樹形の無根系統樹でも根の位置によってまったく異なる有根系統樹が得られる．このように無根系統樹では系統がはっきりしないため，何らかの方法で根の位置を決める必要がある．このために，最もよく用いられている方法が外群比較法である．系統解析を行う際に，系統を明らかにしたい研究対象である分類群を内群（ingroup）といい，対象外として解析に含めている分類群を外群（outgroup）という．外群比較法では，内群には含まれないが内群にできる限り系統的に近縁である分類群から外群を選択し，そのデータを加えることによって，内群の系統樹の根の位置を決定する．

　系統樹では，分岐点（HTU）から出る 2 本の枝の位置を入れ替えても，まったく同じ樹形の系統樹になることに注意しよう．また，1 つの HTU から生じた OTU のすべてを含むグループをクレード（clade）と称する．1 つのクレードの中に複数のクレードがあれば，それらを姉妹群と呼ぶ．

　系統樹は形質の変化の歴史も表現することができる．先に分類体系をつくった系統樹を再度見てみよう（図 4.5（5））．たとえば，A，B，C の 3 属に独自にみられる形質をそれぞれ a,b,c で表すとすると，それぞれの形質を獲得した枝に印を入れていくことができる．たとえば，G 綱に属する共通祖先から分岐した 2 つの枝のうちの 1 つの枝が a という形質を獲得して A 属へと分化したことを示すことができる．このような形質の変化を分類表と対応づけると形質の変化を表で示すことができる．これが分類学の論文に頻繁

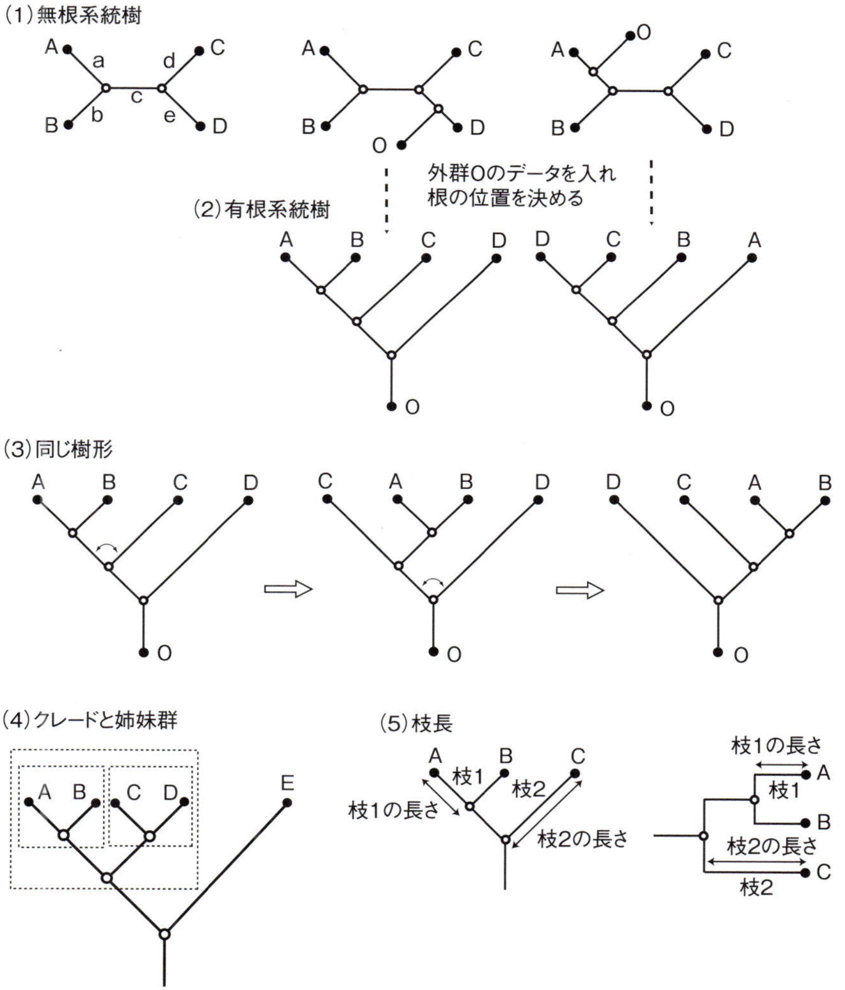

図 4.6 系統樹

線が枝，●が OTU，○が HTU を示す．(1) で示す 4 個の OTU の無根系統樹には a から e の 5 本の枝があり，そのいずれかに根がつけられるので (2) の例のような有根系統樹が 5 通り書ける．(3) の系統樹はみな同じ樹形である．(4) の点線の四角はそれぞれクレードとなる．クレード AB とクレード CD とは姉妹群をなす．(5) に示すように系統樹では分岐のパターン（樹形）だけでなく枝の長さ（枝長）も情報として含めることができる．

に出てくる検索表（キー）の考え方の基本となる（図 4.5 (6)）．

　検索表は，記載文章のように詳しく形質を述べるのではなく，タクソンの識別の上で重要な形質のみを取り上げて比較しており，実際に同定するときのツールとして使いやすいように記したものである．標本の形質を見ながら，キーの1から順番に番号をたどって行くと，標本が属しているタクサがわかるようなツールである．この場合だと，キーの1番が系統樹の一番根元に近い最初の分岐を示すこととなる．ただし，分類学の論文や生物図鑑に掲載されている検索表は実際の系統に基づくものではなく，タクサを識別するための実用性を重視してつくられている場合が多い．したがって，必ずしも系統通りの検索表となっていないので注意を要する．

　分岐のパターンとして樹形だけを考える場合も多いが，枝の長さ（枝長）も系統樹では重要である（図 4.6）．枝長は後で解説する進化距離を表すことが多い．ある系統樹のすべての枝の長さを合計した値を樹長と呼び，複数の系統樹から，よりもっともらしい系統樹を選択する際の基準として，この樹長の値を用いる場合がある．

4.3　形質とその評価

　系統分類学では生物の形質（分子データも形質の1つと言える）を元にして系統や分類体系を構築するので，形質の評価が最も重要なポイントとなる．ここでは，形質をどうとらえるかを考えながら，これまでに提唱されてきた系統分類学の方法論などを合わせて解説する．

　現在では，分子データを元にして系統樹が描かれることが大半であるが，伝統的には形態学的な形質を用いて系統を推定しようとしてきた．形質といってもいろいろある．系統を推定するためにはどのような形質を使えばよいのだろうか．進化によって生じた系統に基づく分類体系をつくりたいのであるから，系統を反映した形質を使わなければならない．しかし，その判断は容易ではない．伝統的には「形態学的に重要」と思われる形質を選び，それを手がかりに分類してきた．

　たとえば，棘皮動物の4つの綱では，成体の体形はヒトデとクモヒトデが

4.3 形質とその評価

（1）形質状態行列．A〜Dの4種について1〜5の5形質の形質状態をそれぞれ小文字のアルファベットで示した．

形質＼種	1	2	3	4	5
A	a	b	c	d	e
B	a'	b	c	d	e
C	a'	b'	c	d	e
D	a'	b'	c'	d'	e'

（2）類似度行列．形質状態が同じである形質の数を類似度として，すべての種の組合せで類似度を計算する．

	A	B	C	D
A	ー	4	3	0
B		ー	4	1
C			ー	2
D				ー

（3）結合．類似度が最も大きい組合せであるAとBをまず結ぶ．BとCも同じ類似度であるが，AとBを例として考える．

類似度4

（4）類似度行列．結んだABとCとの類似度を，（2）の行列から，AとCの類似度とBとCの類似度の平均で計算する．ABとDとの類似度も同様に計算し，類似度行列をつくり直す．

	AB	C	D
AB	ー	3.5	0.5
C		ー	2
D			ー

（5）結合．類似度が最も大きい組合せであるABとCとを結ぶ．

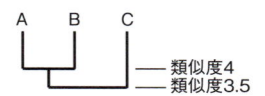

類似度4
類似度3.5

（6）類似度行列．結んだABCとDとの類似度を，（2）の行列から，AとD，BとD，CとDの計3つの組合せで類似度の平均を計算し，類似度行列をつくり直す．

	ABC	D
ABC	ー	1
D		ー

（7）結合．最後の種であるDを結合して樹状図を完成する．

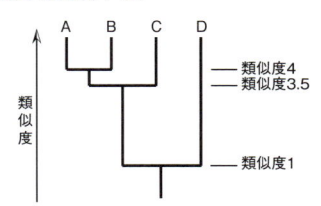

類似度4
類似度3.5
類似度1

（8）最初の結合をBとCにした場合に同じ作業をすると，下のような樹状図が完成する．

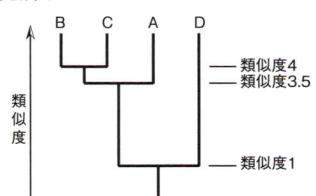

類似度4
類似度3.5
類似度1

図 4.7 数量分類学における UPGMA 法による樹状図の作成
　この例では形質の数が少なく，ABCの3種が似たような類似度であるため，2通りの樹状図が得られたが，実際にはもっと多くの形質を用いるので，このようなことは起こりにくい．

星形で開放型の放射相称を示すのに対し，ウニとナマコは球形で閉鎖型の放射相称となっている．一方，幼生の体形を見ると，ヒトデやナマコではオーリクラリア様で似ているのに対し，クモヒトデとウニはどちらもプルテウス形である．一時期，この幼生の形態を重視して，クモヒトデとウニが近縁であるという意見と，成体の体形を重視して，ヒトデとクモヒトデが近縁であるという意見が対立していたことがある．

どちらの形質が系統を反映しているかの判断ができるのであればよいが，それが不明である以上，重要と考えられる形質を選んで分類体系をつくるやり方は客観的ではないとの批判が生じた．そこで，できるだけ数多くの形質に基づき，それら全体の類似度を元にして系統分類を構築する数量分類学という方法が提唱された．

これまで生物の属性を表す語として「形質（character）」という語を用いて，形質の類似とか差異という表現を使ってきたが，より正確に表現すれば，ある形質には複数の形質状態（character state）があり，形質状態が同じまたはタクサによって異なるということになる．たとえば，「肛門」という形質を「ある」，「なし」という2つの形質状態で把握する．それぞれのタクソンごとに各形質の形質状態を示した行列を形質状態行列と呼ぶ（図 4.7）．数量分類学では，この形質状態行列からタクソン間の類似度をペアごとに計算して，類似度行列をつくり，UPGMA法と呼ばれるクラスター分析の方法で類似性が高い組合せから順番に結合していくやり方で樹状図（デンドログラム）を作成することにより，クラスターを認識し分類体系を構築する．

多数の形質を用いれば，見かけ上は客観性を増したように見える．しかし，進化的に重要な形質もそうでない形質も同じように扱ってよいのかという問題がある．また，結局は取り入れる形質を選択することにはなるので，主観がまったくなくなるわけではない．いずれにせよ，系統を反映した分類体系を明らかにするためには，少なくとも系統を反映した形質を選択しなければならない．

系統を反映した形質を選択するにあたって重要なのが相同（ホモロジー，homology）の考え方である．同じ系統に属するということは共通の祖先を

4.3 形質とその評価

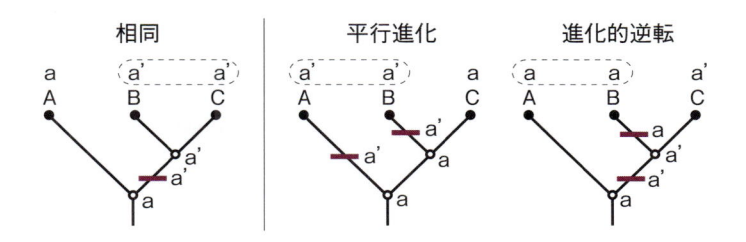

図 4.8　相同，平行進化，進化的逆転の形質の進化
相同では同じ形質（a'）が姉妹群である種 B と種 C に現れるが，非相同である平行進化や進化的逆転では同じ形質（a' または a）が異なる系統である種 A と種 B に現れる．

もっていることにほかならない．相同性というのは，1 つの共通祖先に起源したことに基づく類似性のことを意味し，系統を構築する上では，「相同」な形質を使わなければいけない．類似する形質は共通祖先に由来する場合が多いが，そうでない場合もある．そのようなものを，ホモプラシー（非相同，homoplasy）と呼ぶ．ホモプラシーは，平行進化や進化的逆転，ほかにも収斂などが起因して生じる（図 4.8）．

平行進化（parallelism）は，同じ祖先の同じ形質からの変化が異なる複数の系統でそれぞれ独立に生じる現象であり，似たような発生をする比較的近縁な系統の間で観察されることが多い．甲殻類のいくつかの系統には，摂餌のために使われる顎脚という付属肢がある．祖先的と考えられる状態では胸部の体節の付属肢は遊泳などのための普通の胸肢であるが，カイアシ類やアミ類といったいくつかのばらばらの系統において，胸部前方の体節の 1～3 対の付属肢が顎脚になっている．このような付属肢の摂餌構造への変形は，2 つの *Hox* 遺伝子と呼ばれる調節遺伝子の発現が減少または喪失することによって生じることが知られている．このような遺伝子の発現の喪失による進化が異なる系統で独立して生じた．

進化的逆転（evolutionary reversal）は，いわゆる「先祖返り」として知られるような現象である．たとえば，ほとんどのカエルは下顎に歯をもたないが，もともとのカエルの祖先は下顎にも歯をもっていた．唯一，*Amphignathodon* 属のカエルは「再」進化によって，下顎に歯をもつが，そ

■ 4 章　動物系統分類学の方法

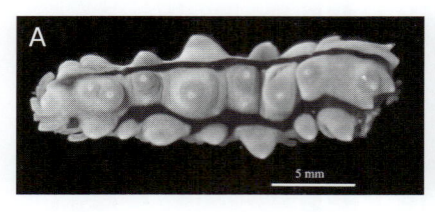

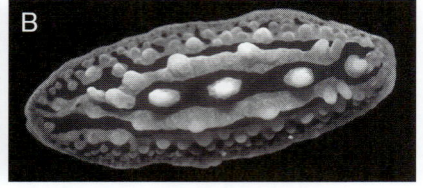

図 4.9　クロテナマコの擬態
クロテナマコは幼体（A）のうちはイボウミウシ類（B：ソライボウミウシ）にそっくりな外部形態をもっているが，系統的にはまったくかけ離れた分類群に属する．イボウミウシ類は毒をもつため，それに擬態することにより捕食者からの攻撃を避ける効果があると考えられている．（写真 B 提供：齋藤　寛）

の直系の祖先にはやはり歯がないため，*Amphignathodon* 属のカエルの歯は進化的逆転によって獲得された形質と考えることができる．

　収斂（convergence）の例としては，魚の鱗とヘビの鱗，脊椎動物の眼とタコの眼などがあり，これらは異なる祖先の異なる形質から，環境への適応によって似たような形態が独立の系統で生じたものである．脊椎動物とタコとでは見かけ上，似たようなレンズと網膜がある眼をもっているが，解剖学的に細かく見ると，神経軸索の配置構造がまったく異なっている．たとえば，脊椎動物の眼には盲点があるが，タコの眼にはなく，それぞれ独自の進化を遂げてきたものであることがわかる．擬態のような現象も見かけ上，類似の形質をつくり出す．クロテナマコの幼若期はイボウミウシ類とそっくりの外観を呈する（図 4.9）．イボウミウシ類は体に毒をもつことが知られており，これに擬態することにより，天敵からの捕食を免れやすい．

　これらの非相同の形質を系統の推定に使うと，誤った系統を導き出すことになる．問題は，類似する形質があるときに，それが相同なのかそれとも収斂などによってつくられた非相同の形質なのかをどのようにして区別するかである．形態や機能を比較するだけではわからないことも多く，その形質の発生における起源や過程などが重要な情報となることもある．これらのさまざまな生物学的な情報から相同かどうかを推定するわけだが，最終的には系統がわからないと相同性が確認できないという「いたちごっこ」のような状態もあって相同性の判定は難しい．

図 4.10 祖先的な形質と子孫的な形質
子孫的な形質 a' を共有する種 B と種 C を近縁と見なし同じグループに分類するのは正しいが，祖先的な形質 a を共有している種 A と種 D をそれと同様に扱うのは誤りである．このような考えに基づき，分岐分類学では子孫的な形質のみを使って分析を行う．

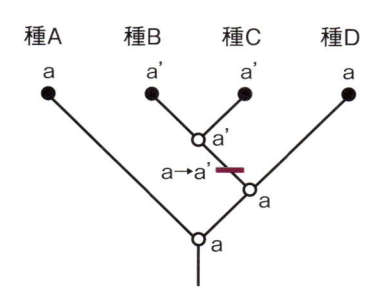

　1970 年代頃には，タクサ間の系統上の分岐だけに着目して分類体系を構築しようという動きがあり，これは分岐分類学（cladistics）と呼ばれている．分岐分類学では，形質の状態を，祖先的と子孫的に区別して，共有している子孫的な形質に基づき系統樹を作成して分類体系を構築する（図 4.10）．進化によってある形質が祖先的な状態から子孫的な状態へと変化すると考えたときに，祖先的な形質の共有は系統の推定には役に立たないという考えである．

　このような考え方をすると，図 4.11 の例からわかるように，まったく同じ形質行列からでも，数量分類学的な方法によるものとは異なる系統樹が得られることがわかる．数量分類学的な方法においては，種 A と種 B（または種 B と種 C）が最も近縁であると判断されたが，この系統樹では種 C と種 D が最も近縁となる．それぞれの種間の共有子孫形質の数を表にしてみると，種 C と種 D の組合せが，共有子孫形質が最も多い．分岐分類学では，系統樹を作成するにあたって系統樹に形質の変化を入れるため，形質変化の歴史も追うことができる．ここで得られた系統樹からは，たとえば，種 C と種 D だけがもつ共有子孫形質である b' は，両種の仮想的共通祖先が獲得していた形質であることが理解できる．

　祖先形質と子孫形質とを分けて考える場合，それらをどのように識別すればよいのであろうか．もし一連の化石があれば，化石に出現する順序からどちらが祖先的な形質かを判断できるかもしれない．しかし，実際にはこのような場合はほとんどない．そこで少し工夫をして，系統樹の根の位置を決める場合と同様に外群を用いた方法をとればよい．内群に近縁で相同の形質を

(1) 形質状態行列．A〜Dの4種について1〜5の5形質の形質状態をそれぞれ小文字のアルファベットで示した．

	1	2	3	4	5
A	a	b	c	d	e
B	a'	b	c	d	e
C	a'	b'	c	d	e
D	a'	b'	c'	d'	e'

(2) 祖先形質abcdeをもった共通祖先を仮定し，形質の変化を分岐図に書き入れる．4種の場合は15通りの系統樹が考えられるが，それらすべての樹形で形質の変化を調べる．ここでは数量分類学的な方法で得られた2つの樹形①②と最節約的な樹形③の3つの樹形を例として示す．

(3) 15通りの系統樹の中から形質変化の数が最も少ない最節約的な系統樹を選ぶ．この場合は，形質変化が5回の系統樹③が選ばれることとなる．

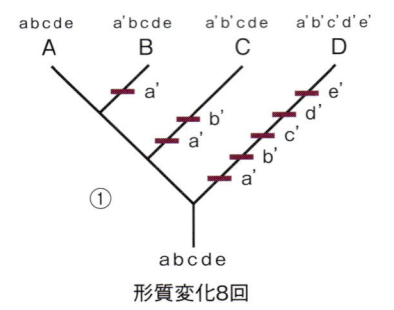

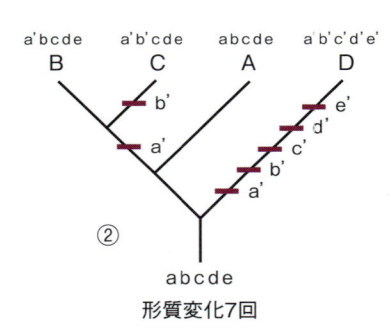

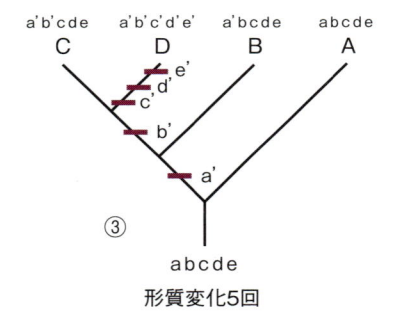

① 形質変化8回

② 形質変化7回

③ 形質変化5回

(4) 数量分類学の類似度行列と比較するために各種間の共有子孫形質の数を見てみると，CとDが最も数が多いことがわかり，共有子孫形質に着目した系統樹となっていることがわかる．

	A	B	C	D
A	—	0	0	0
B		—	1	1
C			—	2
D				—

図4.11 分岐分類学における最節約的な方法による系統の推定
共有子孫形質に着目して，考えられるすべての樹形の中から，最も形質の変化の数が少ない系統樹を選ぶ．分岐分類学では分岐の時間的な順序だけを問題とし，分岐点の高さ（枝長）には意味がない（そのような系統樹を分岐図と呼ぶ）．

4.3 形質とその評価

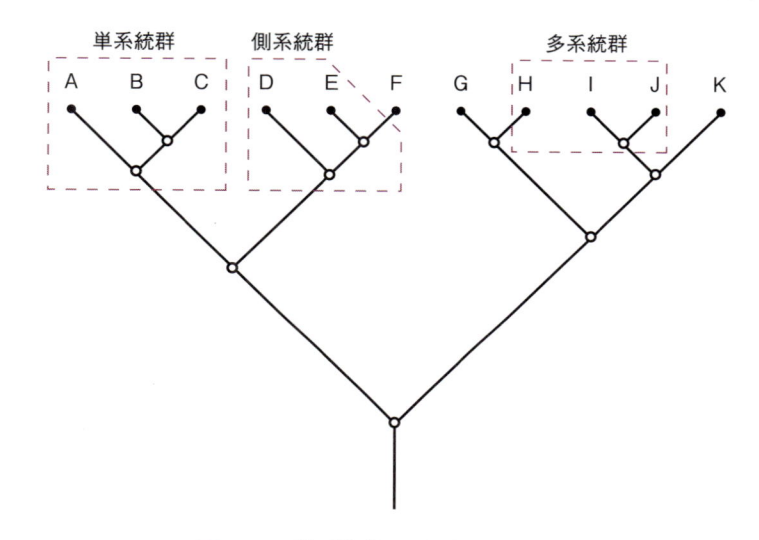

図4.12 単系統群，側系統群，多系統群

もっているような種を外群として選び，外群にもみられる形質状態を祖先的，内群だけにみられる形質状態を子孫的とする．分岐分類学的な方法でも，相同の形質を用いなければならない点は同じである．

　このような方法で，もし系統が推定できれば，何も問題なく系統に基づく分類体系ができそうであるが，現実にはいくつかの問題がある．分岐分類学においては，進化によって生じた共有子孫形質のみに注目して系統を推定し，分類体系を構築する際には，共有子孫形質で示される共通の祖先を有するグループのみをタクソンとして認める．ある1つの共通祖先とそれから派生した種のすべてを含むようなグループを単系統群（monophyletic）と称する（42ページのクレードと同じ）（図4.12）．単系統群に対して，系統樹上で連続していない種を含むようなグループを多系統群（polyphyletic）と呼び，これはタクソンとしては認めないのは当然であろう．問題なのは，ある単系統群から1つまたは複数の単系統群を除いて構成されるような側系統群（paraphyletic）と呼ばれるグループをタクソンとして認めるかである．

　たとえば，脊椎動物のうちの両生類，爬虫類，鳥類，哺乳類を含む四肢動

物の系統樹は図 6.42A のようになる．現生の爬虫類は鱗竜類（ヘビ類，トカゲ類などを含む），カメ類，ワニ類の 3 つの異なるグループからなる．鳥類はそのうちのワニ類と姉妹群となり，爬虫類の 3 グループ全体は側系統群となってしまう．分岐分類学では側系統群はタクソンとは認めず分類体系には入れない．

　分岐に厳密に従って，側系統群を認めずに分類体系をつくるとすれば，両生類，哺乳類，鱗竜類，カメ類，ワニ類，鳥類と 6 つのタクサで四肢動物を分類することとなり，従来使われてきた，爬虫類という類似性から認識しやすい分類群とその名称が分類体系からは消えてしまうこととなる．また，設立しなければならない分類群の名称が増えてしまい，体系を把握しにくくなるという難点もある．タクソンの定義という面では，側系統群は消去法で定義することができる．爬虫類の場合は爬虫類＋鳥類というクレードから鳥類を除いた「非」鳥類，すなわち爬虫類＋鳥類のうち羽毛をもたない動物ということとなる．よく使われる「無脊椎動物」というのも，動物から脊椎動物を除いた，脊椎をもたない動物で，実際には側系統群ということになる．

　このとき，当然，系統分類学なので，あくまで系統の分岐に従って分類体系を提示すべきという考えもあるが，実際の目の前の動物の多様性を記述する際に，それでは不便であるので，あくまで系統は系統として認めた上で，分類体系をつくるにあたっては側系統群もタクソンとして認めるという考えもある．マイヤは進化の「内容」を分類体系に取り込み，分岐だけでなく分岐後の進化の歴史も含めて分類体系を考える方法を提唱した．分岐によって生じた系統樹上の各枝の部分で生じている進化過程は枝によって著しく異なることがある．たとえば，ある 1 つの枝では，その枝固有の子孫形質を次々と獲得し，大きな形態の変化を起こしているような場合がある．そのような場合に，共有子孫形質のみでなく，1 つの系統のみで生じた固有子孫形質も考慮して分類体系の構築を行おうとするもので，進化分類法とも呼ばれている．

　どちらをとるべきかの是非はともかくとしても，爬虫類は現生の動物に限れば形態学的に認識しやすい動物群である．このような形態的には非常によ

く似た動物群が，単系統ではなく側系統群という形で進化によってつくられたというのが，多様な動物の姿の1つの事実なのである．

4.4 分子系統解析

伝統的に系統分類学では主たる分類形質として「形態」を用いてきた．1953年のワトソンとクリックの二重らせんの発見によって，遺伝子の本体がデオキシリボ核酸（DNA）であることが判明し，進化の主な要因は，突然変異による遺伝子の変化であることが明らかになり，遺伝子自体の情報が系統関係の推定に使えると考えられるようになった．これまで見てきたように，形態には収斂というような問題があり，また，非常によく似ていて形態では区別できない種が実は別の種であるという隠蔽種のような現象も知られるようになってきた．形態すなわち表現型をプログラムしており，かつ進化の過程で受け継がれてきたそのものであるDNA自身について調べれば，系統をより正しく把握できると考えられる．

分子系統解析という言葉の「分子」にはDNAだけではなくて，タンパク質なども含まれている．従来は直接DNAの塩基配列を調べることができなかったため，遺伝的な特徴を見るために，酵素タンパク質の遺伝的な多型であるアイソザイムを電気泳動によって調べる方法や，DNA－DNA分子交雑法によって多くの遺伝子の総体的な類似度を比較するような方法が用いられてきた．しかし，近年になって，DNAの塩基配列を調べる技術が向上し，ここ十数年でDNAの塩基配列を用いる分子系統解析が系統分類学に急速に広まり，遺伝暗号の配列という直接的な証拠により，より正確に系統を推定できるようになった．

また，DNAであれば，全生物が共有しているので，形態形質だけからでは推測するのが難しい界レベルといった高次のタクサ間の系統関係の研究も盛んに行われるようになってきた．DNAは，そのほとんどが細胞の核にある染色体に存在しているが，真核生物では細胞内のミトコンドリアや葉緑体も固有のDNAをもっており，核とは独立にDNAを複製して増殖しているので，これらのDNAも分子系統解析では頻繁に用いられている．たとえば，

ミトコンドリアは1個の細胞に数百〜数千個あり，1つのミトコンドリアに5〜6個のDNAをもつため，核のDNAと比べて数が多いという利点もある．

近年使われている塩基配列情報を直接用いない方法としては，ミトコンドリアDNA内の遺伝子配置や，タンパク質のドメイン構成などの違いから系統を推定する方法などがある．たとえば，動物のミトコンドリアDNAには36種類の遺伝子がコードされている．この遺伝子構成は多くの動物で似ているのだが，各遺伝子が配列する順序や方向性は動物門によって異なっており，動物の系統関係を解析する有効な手段となっていることが知られている．

本書では，現在系統解析の主流となっている塩基配列をもとにした分子系統解析の方法について解説することとする．

4.4.1 塩基配列とアミノ酸配列

進化の主な要因は，突然変異による遺伝子の変化である．ある個体で生じた突然変異によって変化した遺伝子が，次世代に引き継がれていく間に集団の中に広がっていき，種の中に固定されていく．遺伝子の違いが何らかの表現型の違いをもたらせば，形態などの形質も変化することとなる．生物の設計図であり遺伝子の本体であるDNA（ある種のウイルスではRNA）はヌクレオチドから構成されているが，ヌクレオチドには塩基部分が異なるアデニン（A），グアニン（G），シトシン（C），チミン（T）の4種類がある．タンパク質をコードしている遺伝子では，これら4種の塩基配列がmRNA(メッセンジャーRNA) にコピーされ（転写という），mRNAの塩基配列がアミノ酸配列を決定してタンパク質がつくられる．このとき，タンパク質を構成する20種類のアミノ酸は，コドンと呼ばれる3つのヌクレオチドの単位で決められている（図4.13）．このようにDNAの塩基配列情報がアミノ酸配列に翻訳されることによりタンパク質が合成される．核の遺伝子においては少数の例外を除けば，遺伝暗号表に示されているコドンとアミノ酸との対応はすべての生物で共通している．

進化の過程で，塩基配列やアミノ酸配列が突然変異によって変化していく．ヌクレオチドレベルでの突然変異としては，ヌクレオチドが異なるものに入れ替わる置換，ヌクレオチドが抜けてしまう欠失，新たにヌクレオチドが中

4.4 分子系統解析

1塩基目	2塩基目								3塩基目
	T		C		A		G		
T	TTT	Phe (F) フェニルアラニン	TCT	Ser (S) セリン	TAT	Tyr (Y) チロシン	TGT	Cys (C) システイン	T
	TTC		TCC		TAC		TGC		C
	TTA	Leu (L) ロイシン	TCA		TAA	終止	TGA	終止	A
	TTG		TCG		TAG		TGG	Trp (W) トリプトファン	G
C	CTT	Leu (L) ロイシン	CCT	Pro (P) プロリン	CAT	His (H) ヒスチジン	CGT	Arg (R) アルギニン	T
	CTC		CCC		CAC		CGC		C
	CTA		CCA		CAA	Gln (Q) グルタミン	CGA		A
	CTG		CCG		CAG		CGG		G
A	ATT	Ile (I) イソロイシン	ACT	Thr (T) スレオニン	AAT	Asn (N) アスパラギン	AGT	Ser (S) セリン	T
	ATC		ACC		AAC		AGC		C
	ATA		ACA		AAA	Lys (K) リジン	AGA	Arg (R) アルギニン	A
	ATG	Met (M) メチオニン	ACG		AAG		AGG		G
G	GTT	Val (V) バリン	GCT	Ala (A) アラニン	GAT	Asp (D) アスパラギン酸	GGT	Gly (G) グリシン	T
	GTC		GCC		GAC		GGC		C
	GTA		GCA		GAA	Glu (E) グルタミン酸	GGA		A
	GTG		GCG		GAG		GGG		G

図4.13　DNAの標準遺伝暗号表
5′末端側からの3塩基が書かれている．アミノ酸は3文字表記と1文字表記を示す．メチオニンをコードするATGは開始コドンとして用いられる．ほとんどの生物はこの暗号表に従っている．DNAの塩基配列情報はmRNAに転写され，タンパク質の合成が行われる．

に加わる挿入，さらに逆位と呼ばれる一部の配列が反転してしまう現象がある（図4.14）．突然変異には，減数分裂の際の染色体の不等乗換えや，トランスポゾンなどによってDNAが染色体上の位置を移動する転移によって生じる大きな変化もあり，この場合は長い挿入や欠失が生じることとなる．これらの突然変異によって塩基配列に変化が生じ，塩基配列が変化するとアミノ酸配列にも変化が生じることとなる．

　種分化によって2つの系統に分かれた後は，それぞれの系統で別々に，突然変異によって生じた塩基配列やアミノ酸配列の変化が蓄積されていく．2つの系統でこれらの配列を比較すると，異なる部分が時間と共に徐々に増え

■ 4章　動物系統分類学の方法

	置換	挿入	欠失	逆位
元の配列	Thr Tyr Leu Leu ACC TAT TTG CTG	Thr Tyr Leu Leu ACC TAT TTG CTG	Thr Tyr Leu Leu ACC TAT TTG CTG	Thr Tyr Leu Leu ACC TAT TTG CTG
変異後の配列	ACC TCT TTG CTG Thr Ser Leu Leu	ACC TAC TTT GCT G Thr Tyr Phe Ala	ACC TAT TGC TG- Thr Tyr Cys	ACC TTT ATG CTG Thr Phe Met Leu

図4.14　ヌクレオチドレベルにおける4種類の基本的な突然変異の型
突然変異で変化した部分を赤字で示す．塩基の変化によってアミノ酸が変化する場合と変化しない場合がある．

ていくこととなる．現在の分子系統解析では，DNAの塩基配列を直接求める方法が主流となった．塩基配列の違いから，もしくは塩基配列を遺伝暗号表によってアミノ酸配列に変換し，アミノ酸配列の違いから，系統を推定する．

4.4.2　分子系統解析の方法

分子系統解析においては，図4.15のような順序で系統が推定される．DNAを抽出することを目的とした生物標本の処理保存の方法としては，99％エチルアルコールに浸す，または冷凍がよく用いられる．塩基配列のデータを得た後の作業は，実際にはコンピューターのプログラムを利用して行うことがほとんどである．塩基配列の決定を大きく進展させたのが，ポリメラーゼ連鎖反応法（Polymerase Chain Reaction，PCR法）である（図4.16）．これによって少量のDNAからでも目的とする遺伝子のDNA断片を得ることができるようになった．

PCR法はDNAポリメラーゼによる酵素反応を用いてDNAの一部分を選択的に増幅する方法である．プライマーという，取り出したい遺伝子に対応した特定の配列をもった20塩基ほどの短いポリヌクレオチドを用意する．系統解析では基本的にはOTUによる塩基配列の差異を見るため変異を含む遺伝子部分を取り出さなければならないわけだが，変異がある部分を取り出すために，その部分の外側でOTUによる変異がなく保存されている部分の配列を使ってプライマーをつくる．目的とする動物の組織からDNAを抽出し単離した後，DNAを熱変性することにより，二本鎖のDNAを一本鎖にする．できた一本鎖のDNAにプライマーを結合させる（アニーリングという）．その後でDNAポリメラーゼを反応させ，プライマーからDNAを合

4.4 分子系統解析

図 4.15 系統分類の研究における一般的な分子系統解析の手順

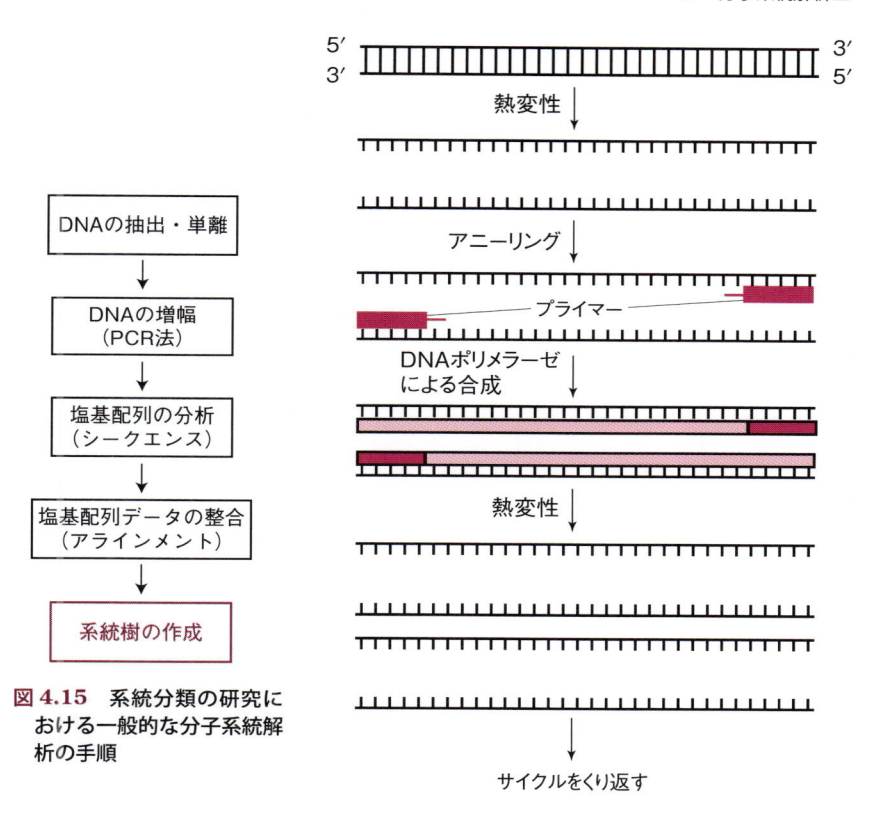

- DNAの抽出・単離
- DNAの増幅（PCR法）
- 塩基配列の分析（シークエンス）
- 塩基配列データの整合（アラインメント）
- 系統樹の作成

図 4.16 ポリメラーゼ連鎖反応法（PCR 法）の原理

成し伸長させることにより二本鎖をつくる．熱変性→アニーリング→プライマーの伸長という 3 つの行程を温度を変えていくことにより，取り出したい部分の DNA の量が原理的には 2 倍となる．この 3 つの行程からなるサイクルを連鎖的にくり返すことにより DNA を増幅していくのが PCR 法である．

塩基配列の決定にはいくつかの方法があるが，DNA ポリメラーゼを用いる方法（サンガー法）などが用いられている（図 4.17）．目的とする DNA を単離して，熱変性で一本鎖にしてから，3′ 側にプライマーをアニーリングする．それを 4 つに分割し，それぞれ DNA ポリメラーゼによる酵素反応でプライマーの伸長反応を起こす．それぞれの系では，DNA の合成材料とな

57

(1)　5′—……GATCCAGT……—3′

(2)　5′—……GATCCAGT……—3′
　　　　　　　　　　■—5′

(3)

C検出用	T検出用	A検出用	G検出用
DNA dCTP* dTTP* dATP* dGTP* ddCTP ポリメラーゼ	DNA dCTP* dTTP* dATP* dGTP* ddTTP ポリメラーゼ	DNA dCTP* dTTP* dATP* dGTP* ddATP ポリメラーゼ	DNA dCTP* dTTP* dATP* dGTP* ddGTP ポリメラーゼ
CA-■ CTAGGTCA-■	TCA-■ TAGGTCA-■	A-■ AGGTCA-■	GTCA-■ GGTCA-■

(4)

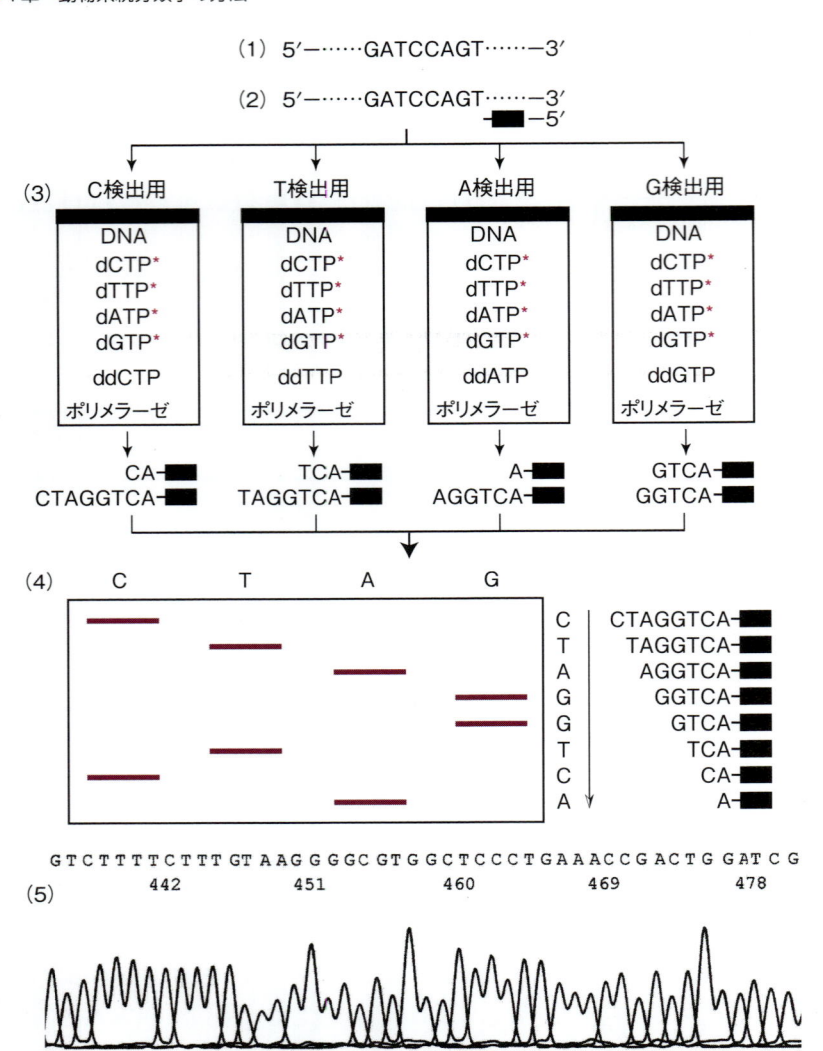

```
C    T    A    G
                          C  CTAGGTCA-■
                          T  TAGGTCA-■
                          A  AGGTCA-■
                          G  GGTCA-■
                          G  GTCA-■
                          T  TCA-■
                          C  CA-■
                          A  A-■
```

(5)　G T C T T T T C T T T G T A A G G G G C G T G G C T C C C T G A A A C C G A C T G G A T C G
　　　　　　442　　　　　　451　　　　　　460　　　　　　469　　　　　478

図 4.17　塩基配列決定法

(1) 熱変性で一本鎖にした DNA．(2) プライマーをアニーリングする．(3) DNA，蛍光標識（＊印）した 4 種のデオキシヌクレオチド三リン酸（dCTP, dTTP, dATP, dGTP），ジデオキシヌクレオチド三リン酸（ddCTP, ddTTP, ddATP または ddGTP），DNA ポリメラーゼを入れ，C, T, A, G を検出する 4 つの系をつくる．(4) 電気泳動により DNA 鎖の長さに応じて分離し，標識を検出する．(5) 得られた塩基配列データの例．

る4種の蛍光標識されたデオキシヌクレオチド三リン酸に加え，それぞれ各塩基に対応するジデオキシヌクレオチド三リン酸を加えて反応させる．ジデオキシヌクレオチドは3′末端側にOH基をもたないため，デオキシヌクレオチドの代わりにジデオキシヌクレオチドが取り込まれた時点で，鎖の伸長が停止する．各塩基に対応するさまざまな長さのDNA断片ができるので，電気泳動によってそれらの断片を分離し，レーザー光で発色を読み取ることにより，配列を決定していく方法である．

このようにして同一の遺伝子の塩基配列を決定できたら，それぞれの塩基を比較することができるようにするためにアラインメント（alignment）という位置合わせを行う．形質と同様に，相同な塩基間，すなわち同一DNA分子の同一塩基に起源した塩基間で比較しないと正しい系統関係の推定ができない．突然変異では塩基の置換だけでなく，挿入や欠失が起こるので，それらを正しく解釈し，塩基の対応をつけて揃える必要があるため，配列の対応を特定しながら挿入や欠失の推定をする．

次のような2つの塩基配列データが得られたとする．

　　ATGCGTCGTTG
　　ATCCGCGATG

配列の比較をする上では欠失と挿入は同等にとらえられる（以下では _ で示す）ので，両者をギャップと呼ぶ．配列にギャップを加え，たとえばできるだけ同一の塩基が対応するようにアラインメントすると，

　　ATGC_GTCG_TTG
　　AT_CCG_CGAT_G

となる．逆にできるだけギャップを加えずに対応させるようにしようとすると，

　　ATGCGTCGTTG
　　ATCCG_CGATG

とギャップを1つだけ入れた状態もできる．アラインメントされた状態で2つの配列を比較すると，同一塩基，塩基置換によって生じた非同一塩基，ギャップの3種類の対応関係がある．この例だと，それぞれの対応関係の数は，上のアラインメントが8, 0, 5, 下が8, 2, 1となる．このとき，不一

致の部分，すなわち非同一塩基の数とギャップの数から

　　総不一致の程度＝a×非同一塩基の数＋b×ギャップの数

を計算し，この値ができるだけ小さくなるようにアラインメントを行う．たとえば最も単純に$a=1$，$b=1$で考えると，上の例が5，下の例が3となって下の例を採用する．通常はギャップの方が塩基置換よりも低い確率で起こることが知られているので，ギャップが少なくなるように，すなわちbの値をaよりも大きくして重み付けすることによりアラインメントを行うことが多い．また連続するギャップにはさらに重みを付けて判定される場合も多い．

　アラインメントの方法にはいくつかのアルゴリズムが考案されているが，それぞれ特徴があり，完璧なアラインメントを行うのはなかなか難しい．形態形質の相同性を正しく見きわめるのと同様で，適切なアラインメントを行うことは系統推定の上できわめて重要な作業である．分子系統解析で正しい系統推定を行う鍵は，良い配列データを得ることと正しくアラインメントを行うことである．

4.4.3　分子系統解析の特徴

　分子による系統推定は形態によるものと比較してさまざまな優れた点がある．①形態形質は形質の選択やその扱いが研究者の主観に左右されやすいが，分子系統は客観性が高い．②形態形質では複数の形質が同時に変化していることも多く形質の独立性は低いが，それと比べて，分子配列データは特殊な場合を除いて，個々のデータがみな独立の形質であると考えられる．③分子配列データは大量のデータが得られる．形態のデータを100形質でとるのは非常に大変だが，分子であれば数千，数万塩基対もの大量の情報を簡単に得られる．近年では，PCR法や塩基配列決定法の発達によって，塩基配列を大量に迅速に決定できるようになった．④分子データはモデル化がしやすい．塩基配列で得られる情報はたった4種のヌクレオチド，アミノ酸に翻訳したデータを使う場合でも20種類のアミノ酸から構成されていて，それらの間の変化を考えればよいので，形態形質のような複雑な変化と異なり変化のパターンを規則的にとらえやすく，進化によって生じる変化をモデルにしやすい．また，⑤分子データの場合は時間を推定しやすい．遺伝子配列の類似性

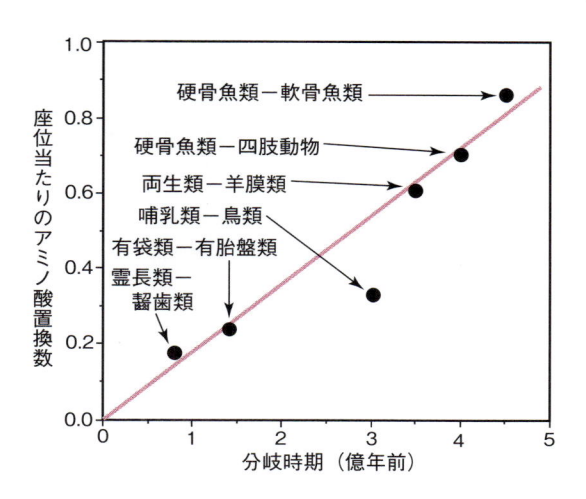

図 4.18　ヘモグロビンの分子時計
脊椎動物のタクサ間における化石から推定した分岐年代とヘモグロビン
α鎖のアミノ酸置換数．ほぼ比例関係にあることから，アミノ酸の置換
はほぼ一定の速度で起こっていることがわかり，分子時計が発見される
こととなった．（Zuckerkandl & Pauling, 1962 を改変）

は，遺伝的な類縁性と直接の関係があるため，形態の類似性と比べて遺伝的な変化を定量的に扱いやすい．

　木村資生は 1968 年，塩基配列やアミノ酸配列などの分子レベルでの進化は，形態などの表現型の進化と異なり，その多くは自然選択の基準で中立（良くもなく悪くもない）であるという「分子進化の中立説」を提唱した．このことは分子レベルでは進化（すなわち塩基の置換など）の速度は一定であることを意味している．すなわち，分岐してから経過した時間に比例して配列の違いも増大することから，配列の差を「分子時計（molecular clock）」として用いて，分岐年代を推定することができる（図 4.18）．

　形態では「生きた化石」などと呼ばれ長い間形態が変化しない系統がある一方，短期間で急速な進化を遂げた系統もあり，これまで生物の分岐年代を推定する唯一の情報源は化石記録であったが，分子時計によって，化石以外からでも分岐年代に関する推定を行う手段を得たのである．しかし，基本的には分子時計では相対的な分岐年代しかわからない．ヒトとオランウータ

ンの分岐はヒトとチンパンジーの分岐よりもおよそ4倍古いということはわかっても，分子時計だけではヒトとチンパンジーとの分岐が約500万年前に起きたということはわからない．分岐の絶対年代を知るには，化石記録や地史的変化などのほかのデータを基準にして換算する．

実際は，DNAも部位によって役割が異なるため，塩基が置換していく状況もまったく異なっている．DNAにはタンパク質の遺伝子だけでなく，リボソーム遺伝子や，遺伝子間領域（スペーサー）もあり，また，タンパク質の遺伝子内でも発現するエクソンや発現しないイントロンなどの異質な部分からなっている．一般的に遺伝子が異なれば，機能的な制約が異なるため，分子進化の速度が異なる．

分子系統解析には，核のDNAだけではなくて，ミトコンドリアのDNAも使われる．ミトコンドリアDNAは，一般的に核DNAと比べて塩基置換の速度が5～10倍速いことが知られている．ミトコンドリアDNAのDループ領域と呼ばれる部分は遺伝子をコードしていないため，ほかの領域よりもさらに塩基置換速度が速い．このように，遺伝子の種類やDNAの領域によって塩基置換速度が異なるため，目的に応じて，どの遺伝子（領域）を使うかを選択する必要があり，通常は，分岐と分岐の間隔が短い近縁な種間などの低次のタクサの解析には塩基置換速度が速いものを使う．ちなみに，ミトコンドリアDNAは核のDNAとは異なり，母性遺伝をするので，データの解析に注意を要する場合がある．

⑥生命の根幹に関わるようなタンパク質であれば，全生物を通じて比較可能なほどに，ほとんどの生物で共有されている．そのため，系統がかけ離れた分類群間で系統を推定するのに用いることができる．タンパク質合成を行うリボソームはあらゆる生物がもっているため，これを使えば全生物での系統を考えることができる．たとえば，リボソームのRNA成分の遺伝子の解析によって，地球上の生物は，原始地球の環境に似たようなところに生息しているメタン細菌などの古細菌と，それ以外の細菌である真正細菌，それと真核生物の大きく3つに分けられることが明らかにされた（表5.1参照）．

このように，系統を推定する上では分子系統解析は多くのすぐれた性質を

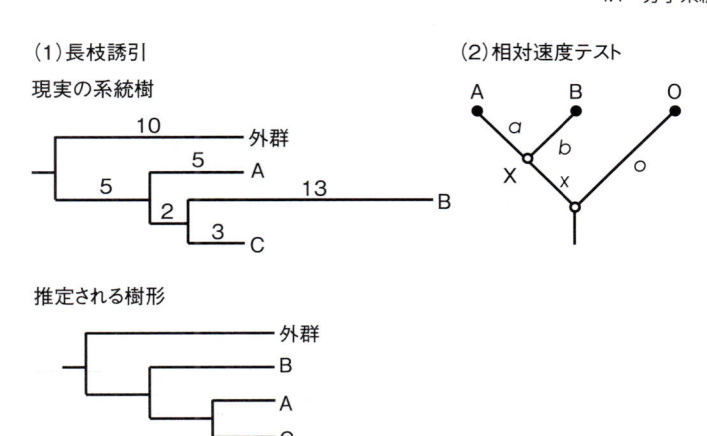

図 4.19　長枝誘引と相対速度テスト
(1) のように進化速度が速い長い枝Bがあると，AとCが姉妹群であると推定されてしまう．そのため長い枝Bは同じく長い枝である外群の近くに配列される傾向となる．(2) 共通祖先XからA，Bへの進化距離a, bの長さが等しいかどうかを知るには，A, Bよりも古く分岐したOを用意して，OからAまでの進化距離（$= o + x + a$）とOからBまでの進化距離（$= o + x + b$）とを比較する．これらが同じ値であれば，aとbが同じ距離，すなわちこれら2つの系統における進化速度は等しいとみなすことができる．

もっていることは間違いないが，研究が進むにつれ，分子系統解析にもさまざまな問題点があることがわかってきた．分子系統においても，データの情報量が十分でなければ，推定の精度が落ちるし，1つの遺伝子だけでは誤った推定をしてしまうこともある．また，同じ遺伝子でも系統によって進化速度が異なることが知られるようになってきたが，このような場合も間違った系統推定をしてしまう．たとえば，動物界の初期進化や門レベルの大きな系統推定でよく用いられている18S rDNA（106ページ参照）による分子系統解析では，ほかの動物と比べて分子進化速度が著しく速い線形動物を含めて解析を行うと，長枝誘引によって，正しい系統を推定することができないことが知られている（図 4.19）．

　進化速度は突然変異率に依存するが，世代交代が速い動物ほど，生殖細胞が分裂する速度が速くなるため，進化速度も速くなることが予想される．真

■ 4章　動物系統分類学の方法

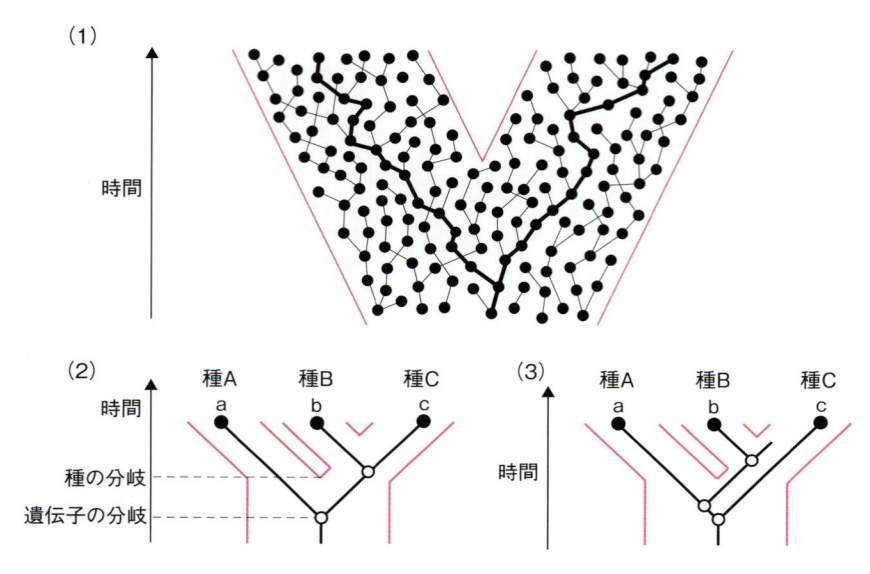

図 4.20　種の系統樹と遺伝子の系統樹
（1）種の多数の個体の中で遺伝子が受け渡されていく様子．点は各個体を，線は遺伝子が受け渡されていることを示す．（2）遺伝子の系統と種の系統，遺伝子の方が早く分岐している．（3）種分化の前に遺伝子が分化しているときには，遺伝子から推定した系統が種の系統と一致しないことがある．

　獣類の研究例では，マウスやラットなどのネズミは同じ齧歯類のモルモットよりも霊長類に近縁であるという分子系統解析の結果が出されたが，このような系統関係を示唆する形態学的な特徴はまったく見あたらなかった．その後の分析によって，その研究で系統樹を作成するのに使われた最節約法には，系統によって進化速度が異なる場合に誤った系統樹を推定してしまう欠点があり，そのために間違った結果が得られたことが判明した．2つの系統で進化速度を比較する1つの簡単な方法に，相対速度テストと呼ばれる外群を使った方法がある（図 4.19）．

　また，実際に推定したいのは，種の系統であるが，種は複数個体からなる集団であり，厳密に言うと分子系統で得られた系統樹は遺伝子の系統樹で種の系統樹ではない．基本的に種の分岐よりも遺伝子の分岐の方が早く生じる．図 4.20 の（2）の場合は分岐のパターンは遺伝子の系統樹と種の系統樹とで

一致しているが，分岐年代が異なっている．実際に系統解析をする上では，分岐の間隔が数千万年以上であれば実質的に問題にならないことが多いが，数十万年〜数百万年といった短い期間に分岐した系統を扱う場合には注意を要する．さらに，図 4.20 の（3）のように遺伝子の分化が生じているときは，その遺伝子を使って得られた系統樹は実際の種の系統樹とは異なる結果となる．

大きく問題となるのが，遺伝子重複（gene duplication）が生じている場合である．遺伝子には数多くの重複が生じており，それが新しい遺伝子を生みだし進化の原動力の 1 つとなっていることが知られている．実際に多数の遺伝子間に配列の類似性がみられ，既存の遺伝子をコピーして，そこから新しい機能をもった遺伝子をつくる機構が，遺伝子を多様化させてきたと考えられている．

形態形質における相同と同様で，分子解析においても，当然，同一の遺伝子を用いて解析しなければならないわけだが，遺伝子重複などによって生じた類似の遺伝子がある場合，類似するが異なる遺伝子で比較してしまうと正しい系統を推定できない．たとえば，ヘモグロビンには α 鎖と β 鎖があり，それらは，ヒト，ウマ，チンパンジーが共有している．α 鎖と β 鎖は，これら 3 種が分岐する前に，遺伝子重複によって生じたものである．共通祖先でヘモグロビン遺伝子の分化が生じ，(共通祖先 α, 共通祖先 β) となり，その後，2 つの遺伝子それぞれの系統が種分化によって分岐し (((ヒト α, チンパンジー α) ウマ α)((ヒト β, チンパンジー β) ウマ β)) となった．このとき，同一の遺伝子である α 鎖だけ，β 鎖だけで比較していればまったく問題がないが，ヒトとウマの α 鎖とチンパンジーの β 鎖の遺伝子で比較してしまうと，上のニューウィック・フォーマットからこれら 3 つだけを取り出すと，((ヒト α, ウマ α) チンパンジー β) となり，ヒトとウマの方がチンパンジーよりも近縁という結果が得られてしまう（図 4.21）.

このように，種の分岐以前に遺伝子重複によって生じた「似ている」(しかし同一ではない) 遺伝子を比較することをパラローガス（paralogous）な比較といい，これでは正しい系統を推定することができない．それに対して，

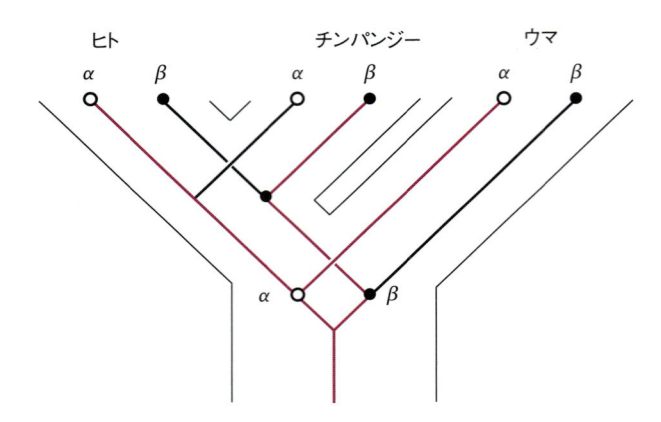

図 4.21 オーソローガスとパラローガス
ヘモグロビンには α 鎖と β 鎖があり，ヒト，チンパンジー，ウマの共通祖先で分化した．α 鎖だけ，または，β 鎖だけでオーソローガスに比較すれば系統を正しく推定できるが，ヒト α 鎖，チンパンジー β 鎖，ウマ α 鎖とパラローガスに比較すると（図の赤線），チンパンジーが先に分岐しヒトとウマが姉妹群であるという誤った系統が推定される．

共通祖先がもっていた同一の遺伝子から種の分岐によって生じたもの同士を比較することをオーソローガス（orthologous）な比較といい，系統推定のためにはそのような比較をしなければならない．ヘモグロビンのように詳しく知られている遺伝子であればこのような間違いを犯すことはないが，まだあまり情報が知られていない遺伝子を用いる場合，配列が似ているために同一遺伝子であるとして解析してしまう危険性があるので注意しなければならない．

分子系統で誤った系統推定をしてしまうほかの要因としては，遺伝子がウイルスなどを介して種の壁を乗り越えて別の種にうつる，水平転移という現象も知られており，細菌類では実際にしばしば起こることが報告されている．

4.5　系統推定の方法

次に，得られた塩基配列などのデータから系統を推定し系統樹を作成する方法を見てみよう．これまでさまざまな系統樹の作成方法が考案されてきたが，ここでは近年よく用いられている方法についてその概要を解説する．さ

らに，得られた系統樹の良し悪しに関する評価基準を得る方法についても説明する．系統樹の作成は，現在の生物から得られたデータを用いて，進化という過去にあった出来事を推定しているのである．可能な限り正しい推定を行うためにその方法も改良されてきたが，あくまで，得られた系統樹が真の系統樹になるとは限らないことを念頭において，研究を進めなければならない．

4.5.1 系統樹の構築方法

系統樹は，樹形と各枝の長さがわかれば書くことができるので，形質データからそれらを推定することとなる．系統樹で一番重要なのは分岐のパターンを示す樹形である．また，枝の長さは系統的な遠近を意味する進化距離を表現し，形質が置換された量などから推定される．系統樹の構築方法にはいくつかあるが，各OTU間の進化距離を示した距離行列から作成する距離法（UPGMA法や近隣結合法など）と，塩基配列データなどの形質状態行列から作成する方法（最節約法，最尤法，ベイズ法など）とに大別される．

それぞれの方法で，どのように進化が起こったと考えるかの前提が異なっており，それを理解して使い分ける必要がある．UPGMA法は進化速度がすべての系統で一定であることを前提としており，近隣結合法や最節約法は塩基の置換など進化による変化が最小であることを前提としている．最尤法やベイズ法では，塩基置換が生じる確率のモデルを前提として与えることにより系統樹が構築される．

a. 距離法（UPGMA法，近隣結合法）

距離法（distance methods）では，得られた形質のデータから各OTUの間の進化距離を計算し，計算された進化距離のデータに基づいて系統樹を作成する．距離のデータは全OTU間の組合せの行列のデータとなるので，距離行列という．進化距離は系統上でどれくらい離れているかを示す遺伝的差異の程度を推測した値であるが，先に述べた数量分類学で使われた類似度の逆の値（言うなれば非類似度）に相当すると考えられる．距離法では形質データを距離データに圧縮してしまうが，そのため計算量も少なく短時間で計算できることが距離法の最大の利点である．また，もともと距離データしかな

種A: ATGCGCGTTG
種B: ATCCGCGATG
種C: ATGCACGTTG
種D: TTGCAAGATG

$D_{i,j}$	A	B	C	D
A	0	0.2	0.1	0.4
B		0	0.3	0.4
C			0	0.3
D				0

図 4.22　塩基配列データと距離行列
4種の10塩基の配列データから距離行列を求める．種Aに対して異なる塩基になっている部分を赤字で示している．ここでは進化距離 D を1塩基当たりの塩基置換数として計算した．

い場合（DNA-DNA分子交雑法や免疫学的類似度を距離として用いた場合など）にも用いることができるという長所もある．ただし系統樹の構築においてもともとの形質データはまったく情報として使われないので，用いた距離が実際の進化距離を反映していない場合には誤った結果となる危険性が高い．そのため，どのようにして距離を求めるかがとても重要となる．

最も簡単な進化距離として塩基置換数について考えてみよう．時間の経過に伴い，比較しようとしている遺伝子中に突然変異による塩基の置換が蓄積していく．配列データから，配列中の塩基置換数を1サイト（塩基）当たりの割合に換算した値を進化距離とする．図 4.22 の種Aと種Bの場合では，10塩基中2塩基が置換されていて非同一なので，進化距離は 0.2 となる．

実際にはどれくらいの置換が生じたのであろうか．たとえば図 4.23 の (1) のような共通祖先からの進化を仮定すると，両種の共通祖先からこの2種が進化した間に，塩基置換が2種合わせて2回生じたと考えられ，進化の距離の正しい評価となるが，実際には共通祖先の塩基配列はわからない．共通祖先の配列とその後の進化が実際には図 4.23 の (2) のようだったとすると，この間に生じた塩基の置換は6回である．このように，多重置換や平行置換が生じているときは，観察された塩基置換数をそのまま使うと，進化距離を過小評価することとなる．

このようなことを考慮し，2種間の塩基配列の違いからできるだけ真の値に近い塩基置換数を推定するために，各塩基間の置換の確率を表す塩基置換の確率モデルが考案されてきた．それらのモデルを使うことにより，現実の

4.5 系統推定の方法

(1) ATGCGCGTTG   ATCGCGATG

ATGCGCGATG

(2) ATGCGCGTTG   ATCGCGATG

C

ATACGAGATG

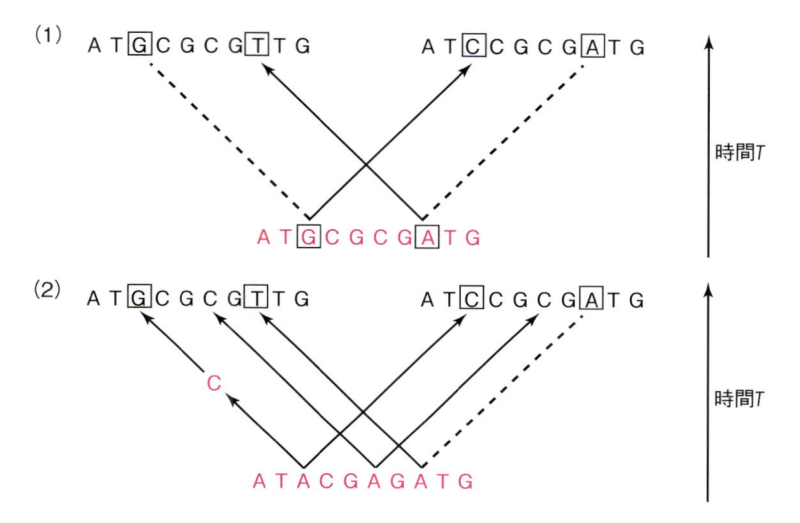

時間 T

図 4.23 多重置換と平行置換
図 4.22 の種 A と種 B の共通祖先の配列と過去に生じた置換を仮想した 2 つの例．2 種の間では 2 塩基の置換が生じている．1 の場合は実際に生じた置換は 2 回だが，2 の場合は 6 回起こっている．2 の場合の 3 塩基目のように A→C→G と変化した場合を多重置換，6 塩基目のように両種共に A→C と変化した場合を平行置換と呼ぶ．

進化距離に近くなるように距離が計算される．

塩基置換モデルの例として，最も単純なジュークス・カンターのモデルをとりあげよう．このモデルでは，4 種類の塩基間の置換はどのサイトでもいつでも同じ確率で生じると仮定している．先に進化距離として使った 1 塩基当たりの塩基置換数 p から，進化距離 d を対数を用いて次の式で計算する．

$$d = -\frac{3}{4} \ln\left(1 - \frac{4}{3}p\right)$$

比較する 2 つの配列がまったく同一で $p = 0$ のときには進化距離も $d = 0$ となる．系統的にまったく無縁である塩基配列，すなわち 2 つのランダムな配列を比較したときには，塩基は 4 種類なので確率的に考えれば 1 塩基当たりの非同一塩基（塩基置換）数は 0.75（= 3/4）となる．このことに基づいてこのモデルは考案されており，$p = 0.75$ のときには d は無限大となる．配列

■ 4章　動物系統分類学の方法

(1) 与えられた距離行列

$D_{i,j}$	A	B	C	D	E
A	0	4	8	13	18
B		0	12	19	22
C			0	20	28
D				0	8
E					0

距離4のAとBを結合

$D_{AB,C}=(8+12)/2=10$
$D_{AB,D}=(13+19)/2=16$
$D_{AB,E}=(18+22)/2=20$

(2) 作り直した距離行列

$D_{i,j}$	AB	C	D	E
AB	0	10	16	20
C		0	20	28
D			0	8
E				0

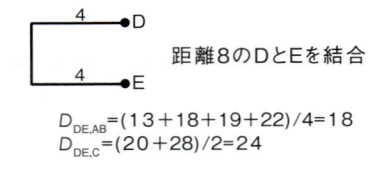

距離8のDとEを結合

$D_{DE,AB}=(13+18+19+22)/4=18$
$D_{DE,C}=(20+28)/2=24$

(3) 作り直した距離行列

$D_{i,j}$	AB	C	DE
AB	0	10	18
C		0	24
DE			0

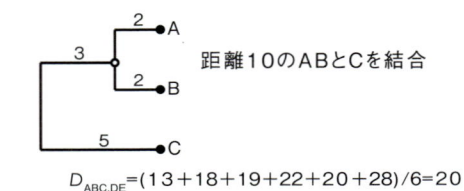

距離10のABとCを結合

$D_{ABC,DE}=(13+18+19+22+20+28)/6=20$

(4) 作り直した距離行列

$D_{i,j}$	ABC	DE
ABC	0	20
DE		0

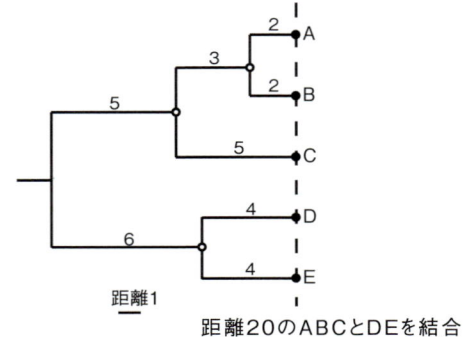

距離20のABCとDEを結合

距離1

図4.24　UPGMA法による系統樹の作成方法

距離行列から系統樹を作成する．最も距離が短い組合せを，進化距離が枝長の合計となるように結合し，結合したクラスターについては，最初の距離行列から総当たりの平均で距離を計算し，距離行列をつくり直す．これをくり返して最終的な系統樹を求める．UPGMA法では進化速度が一定であることを仮定しているため，OTU（この場合はA〜Eの5つ）がすべて一列に並ぶ．

4.5 系統推定の方法

の違いが10塩基中2塩基だった先の例で考えると, $p = 0.2$ のときは $d = 0.23$ となり, 実際に起こった塩基置換は2.3回であると推定していることになる.

いくつかある距離法のうち, 系統樹の作成に最もよく用いられているのが, UPGMA法と近隣結合法の2つである. 数量分類学でも使われたUPGMA法（非加重平均距離法, unweighted pair-group method with arithmetic mean）は距離の小さなOTU同士を順次結びつけていく方法である（図4.24）. 任意の2つのOTU間で, その共通祖先からの枝の長さは等しくなるように系統樹がつくられる. すなわち, すべてのOTUで進化速度が一定であると仮定しており, 共通祖先から子孫への進化距離は常に等しいこととなる. 実際には進化速度の一定性が厳密に成り立つことは少ないため, 正しい系統樹を構築する能力に劣るとされることも多い.

もう一方の近隣結合法（NJ法, neighbor-joining method）は, 最小進化の基準に則り, 系統樹の樹長が最小になるように順次OTUを結びつけていく方法である. 近隣結合法では無根系統樹を作成する. 無根系統樹において, 単一のHTUだけで隔てられている状態を近隣と呼ぶ. たとえば図4.26の（3）の系統樹で種Aと種BはXという1つのHTUでつながれているので近隣であるが, 種Aと種CはXとYの2つのHTUで隔てられているので近隣ではない.

まずは, 系統がまったくわからない状態である1つのHTUからすべてのOTUが分岐した星状系統樹から出発する. そこからすべての組合せで近隣ペアをくくり出した系統樹をつくり, それぞれの場合の樹長を

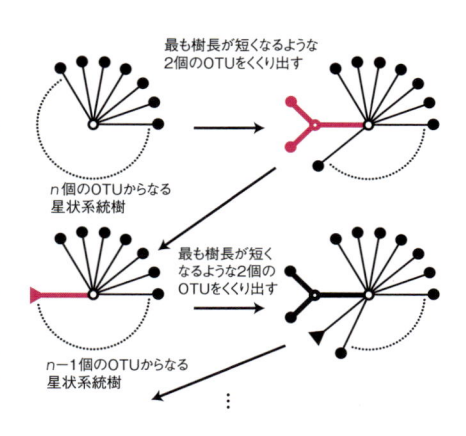

図4.25 近隣結合法の原理

星状系統樹から始め, 2個のOTUを結びつけくくり出す. くくり出した2個のOTUを1個のOTUであるとみなして, OTUが1個少ない星状系統樹とし, そこから2個のOTUをくくり出す. このとき, くくり出す2個のOTUは樹長が最も短くなるように選択する. この作業を順次くり返して系統樹を作成する.

距離行列から計算する．そして樹長の値が最小となるペアをくくり出す．次に，くくり出したペアを新たな 1 つの OTU とみなして距離行列を計算し直して，OTU が 1 個減少した状態でまた同様にペアを見つけくくり出す．このような方法をくり返すことにより系統樹を組み立てていく（図 4.25）．

図 4.26 に示すように，OTU が 4 個の場合の計算を参考にして，OTU が n 個の場合に一般化して樹長の計算方法を考えてみよう．n 個の OTU があり，i という OTU と j という OTU の間の進化距離を $D_{i,j}$ とする距離行列が与えられたとき，距離の総和を

$$T = \sum_{i<j}^{n} D_{i,j}$$

で表し，種 i のほかのすべての OTU との間の距離の和を

$$R_i = \sum_{j=1}^{n} D_{i,j}$$

で表すとすると（図 4.26（1）），最初の星状系統樹における樹長，すなわち全部の枝の長さの総和は

$$S = T / (n - 1)$$

となる（図 4.26（2））．そこから i と j，2 個の OTU をくくり出したときの樹長は

$$S_{i,j} = D_{i,j}/2 + (2T - R_i - R_j) / \{2(n-2)\}$$

となることがわかる（図 4.26（3））．この値を，$n(n-1)/2$ 個あるすべての i と j のペアで計算し，樹長が最小になるペアを選びくくり出す．

くくり出した 2 個の OTU を i, j とすると，分岐点 X からこれらの OTU へのそれぞれの枝の長さは，

$$B_{i,X} = D_{i,j}/2 + (R_i - R_j) / \{2(n-2)\}$$
$$B_{j,X} = D_{i,j}/2 + (R_j - R_i) / \{2(n-2)\}$$

で計算される．このように近隣結合法では両枝の長さは必ずしも等しくはならず，進化速度の一定性は仮定していない．このようにしてくくり出した 2 本の枝をまとめて ij という 1 つの OTU として考えると，そこから k という他の OTU への距離は，

4.5 系統推定の方法

(1)
計算を簡単にするための準備として，すべての OTU 間の距離の総和を T，各 OTU からほかの OTU への距離の和を R_A, R_B, R_C, R_D と表すこととし，これらの値を距離行列 $D_{i,j}$ から計算する．
$T = D_{A,B} + D_{A,C} + D_{A,D} + D_{B,C} + D_{B,D} + D_{C,D}$
$R_A = D_{A,B} + D_{A,C} + D_{A,D}$
$R_B = D_{A,B} + D_{B,C} + D_{B,D}$
$R_C = D_{A,C} + D_{B,C} + D_{C,D}$
$R_D = D_{A,D} + D_{B,D} + D_{C,D}$
となる．
OTU の数が n のときに一般化すると
$$T = \sum_{i<j}^{n} D_{i,j}, \quad R_i = \sum_{j=1}^{n} D_{i,j}$$
と表すことができる．

(2)
まずは，最初の星状系統樹の樹長 S を計算する．
図から
$S = a + b + c + d$
である． 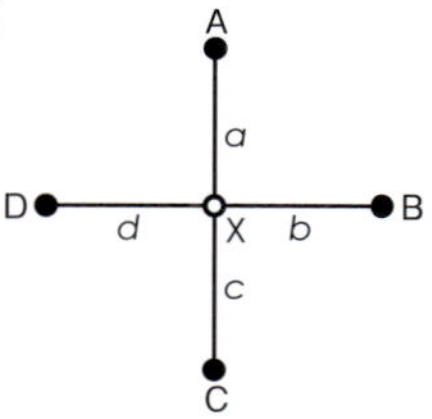
各 OTU 間の距離は
$D_{A,B} = a + b$
$D_{A,C} = a + c$
$D_{A,D} = a + d$
$D_{B,C} = b + c$
$D_{B,D} = b + d$
$D_{C,D} = c + d$
となるので，6 つの式の両辺を全部足し合わせると
$T = 3(a + b + c + d)$
となり
$S = T/3$
となる．
OTU の数が n のときに一般化して同様に考えると，
$S = T/(n-1)$
と表すことができる．

(3)
次に，2 個の OTU，A と B をくくり出した系統樹の樹長 $S_{A,B}$ を計算する．図から，
$S_{A,B} = a' + b' + x + c + d$
である．

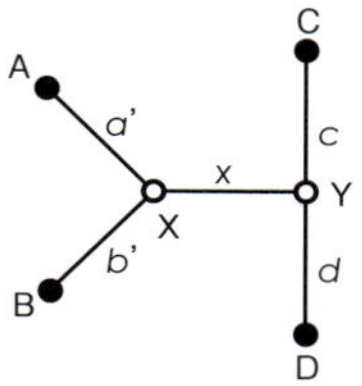

各 OTU 間の距離は
$D_{A,B} = a' + b'$
$D_{A,C} = a' \quad + x + c$
$D_{A,D} = a' \quad + x \quad + d$
$D_{B,C} = \quad + b' + x + c$
$D_{B,D} = \quad + b' + x \quad + d$
$D_{C,D} = \quad\quad\quad + c + d$
となる．このとき，
$D_{A,B}/2 + (2T - R_A - R_B)/\{2 \times (4-2)\}$
という値を計算してみると，
$\quad = D_{A,B}/2 + (D_{A,C} + D_{A,D} + D_{B,C} + D_{B,D})/4 + D_{C,D}/2$
$\quad = a' + b' + x + c + d$
となりこれは樹長 $S_{A,B}$ を表すことになる．
OTU の数が n で i, j の 2 個の OTU をくくり出したときに一般化して同様に考えると，樹長は
$S_{i,j} = D_{i,j}/2 + (2T - R_i - R_j)/\{2(n-2)\}$
と表すことができる．実際には，この値が最小となる OTU の組合せでくくり出すこととなる．
このようにくくり出したとき，
$D_{A,B} = a' + b'$
$R_A = D_{A,B} + D_{A,C} + D_{A,D}$
$\quad = (a' + b') + (a' + x + c) + (a' + x + d)$
$R_B = D_{A,B} + D_{B,C} + D_{B,D}$
$\quad = (a' + b') + (b' + x + c) + (b' + x + d)$
となるので，これらの式から，分岐点 X から A, B までの枝長 $B_{A,X}$ ($=a'$), $B_{B,X}$ ($=b'$) を求めると
$B_{A,X} = a' = D_{A,B}/2 + (R_A - R_B)/\{2 \times (4-2)\}$
$B_{B,X} = b' = D_{A,B}/2 + (R_B - R_A)/\{2 \times (4-2)\}$
で計算することができる．これらの式も同様に一般化して考えると，
$B_{i,X} = D_{i,j}/2 + (R_i - R_j)/\{2(n-2)\}$
$B_{j,X} = D_{i,j}/2 + (R_j - R_i)/\{2(n-2)\}$
と表すことができる．
次に，くくり出した AB からほかの OTU までの距離は，たとえば C までで考えると，
$D_{AB,C} = a' + b' + x + c$
$\quad = (a' + b')/2 + (a' + x + c)/2 + (b' + x + c)/2$
$\quad = (D_{A,B} + D_{A,C} + D_{B,C})/2$
で計算することができ，これを一般化して i, j の 2 個の OTU をくくり出したときの k という OTU までの距離は，
$D_{ij,k} = (D_{i,j} + D_{i,k} + D_{j,k})/2$
で表すことができる．この値を用いて，OTU の数が 1 つ少ない距離行列を作り直し，再び (1) から計算を行う．

図 4.26　近隣結合法における樹長の計算方法
　距離行列 $D_{i,j}$ を基にして系統樹を作成する．OTU の数が 4 個の場合での計算方法を示す．すべての OTU をくくり出すまで，(1) ～ (3) をくり返す．

■4章 動物系統分類学の方法

(1)

$D_{i,j}$	A	B	C	D	E
A	0	3	9	10	12
B		0	8	9	11
C			0	9	11
D				0	8
E					0

$T=90$
$R_A=34$
$R_B=31$
$R_C=37$
$R_D=36$
$R_E=42$

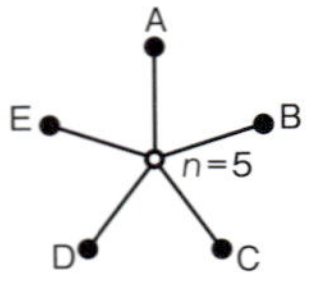

$S=22.5$

(2)

$S_{i,j}$	A	B	C	D	E
A	0	20.7	22.7	23.3	23.3
B		0	22.7	23.3	23.3
C			0	22.3	22.3
D				0	21
E					0

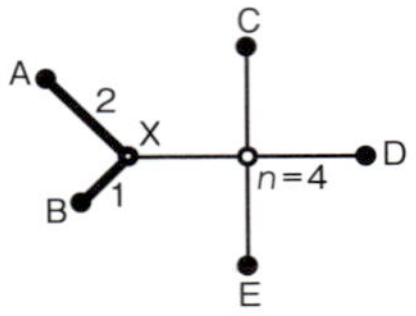

$S=20.7$

(3)

$D_{i,j}$	AB	C	D	E
AB	0	10	11	13
C		0	9	11
D			0	8
E				0

$T=62$
$R_{AB}=34$
$R_C=30$
$R_D=28$
$R_E=32$

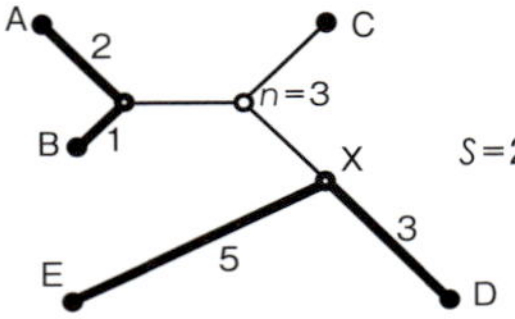

$S=20$

(4)

$S_{i,j}$	AB	C	D	E
AB	0	20	21	21
C		0	21	21
D			0	20
E				0

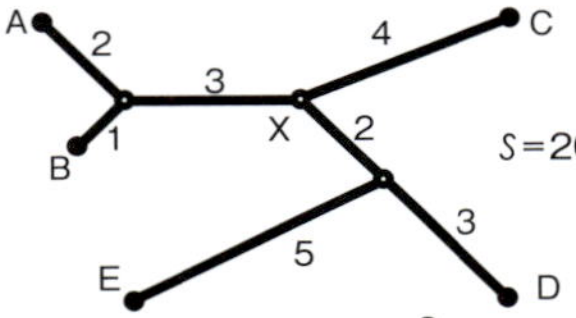

$S=20$

(5)

$D_{i,j}$	AB	C	DE
AB	0	10	16
C		0	14
DE			0

$T=40$
$R_{AB}=26$
$R_C=24$
$R_{DE}=30$

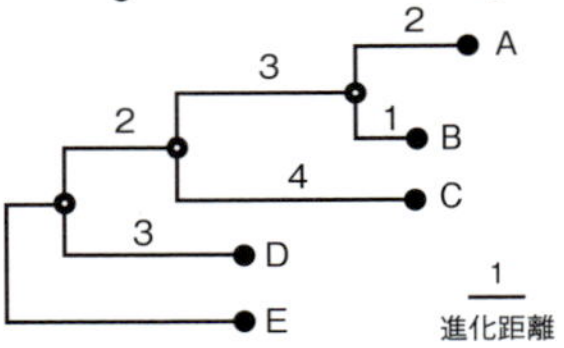

図4.27 近隣結合法の計算手順
(1) まずは距離行列から T や R_i を計算し，星状系統樹から始める．(2) すべてのペアをくくり出したときの樹長 $S_{i,j}$ を計算し，最も樹長が小さくなる A と B をくくり出す．A と B の分岐点 X からの枝長 $B_{A,X}$, $B_{B,X}$ を計算し，系統樹を描く．(3) くくり出した A と B を合わせて 1 個の OTU とみなし，それとほかの OTU との距離を計算して，距離行列を作り直し，再び T や R_i を計算する．(4) 同様に，樹長を計算し，最小の樹長となる D と E を選んでくくり出す（同じ値である AB と C を選んでも最終結果は同じになる）．枝長を計算して系統樹を描く．(5) できた系統樹は 3 本の不明な枝が残っているだけなので，それぞれの枝長を計算すれば，最終的な系統樹が完成する．作り直した距離行列から，中央の分岐点 X からの枝長は $B_{AB,X}=6$, $B_{C,X}=4$, $B_{DE,X}=10$ となり，図のように枝長が入れられる．無根系統樹なので根の位置はわからないが，E を外群とすれば，内群 A〜D は一番下の図のような根の位置となる系統樹となる．

$$D_{ij,k} = (D_{i,j} + D_{i,k} + D_{j,k})/2$$

で計算することができ，n が 1 つ減った距離行列が再度得られる．以後この計算をくり返し，すべての OTU が結合した時点で計算が終了し，目的とする系統樹が得られることとなる．

このような計算で実際に 5 個の OTU の距離行列から系統樹を作成する手順を示したのが図 4.27 である．樹長が 22.5 の星状系統樹から，樹長が 20 の無根系統樹が求められる．

b. 最節約法

最節約法（maximum parsimony method）は形質データから距離を計算せずに直接系統樹をつくる方法の 1 つである．考えられるすべての樹形において，系統樹の各 HTU の形質状態のあらゆる組合せを仮定して，系統樹内における形質状態の変化（塩基配列であれば塩基置換）の数が最小になるような系統樹を選び出す．すなわち，最節約法では，ホモプラシー（非相同）は起こりにくいことを仮定しており，進化的逆転や収斂の数が最少となるような系統を推定する．

図 4.28 に示すような 3 種の系統樹では 3 つの樹形が考えられる．ある 1 つの形質 a に関して，それぞれの樹形で最小の形質変化の数を求めると，(1) の樹形では 1 回，(2) の樹形では 2 回，(3) の樹形では 2 回となる．もしこの 1 形質だけで最節約の系統樹を求めれば (1) の樹形を選ぶこととなる．実際には，別の形質についても同様に 3 つの樹形それぞれについて，最小の形質変化の数を求める．樹形ごとに，すべての形質に関する最小の形質変化の数を足し合わせ，その合計が最も小さくなる樹形（最節約樹）を選び出す．

最節約法では仮想的共通祖先の形質状態を推定することができ，個々の形質がどのように進化したのかを含めた系統の復元が可能であるのが大きな特徴である．塩基配列だけでなく形態形質データでも使いやすい方法である．通常，樹形（すなわち分岐のパターン）のみを調べる場合が多いが，各枝における形質の変化数を枝長とすることにより，枝長を入れた系統樹を描くこともできる．その場合は最節約法は最も樹長の短い系統樹を選ぶ方法と言うこともできる．

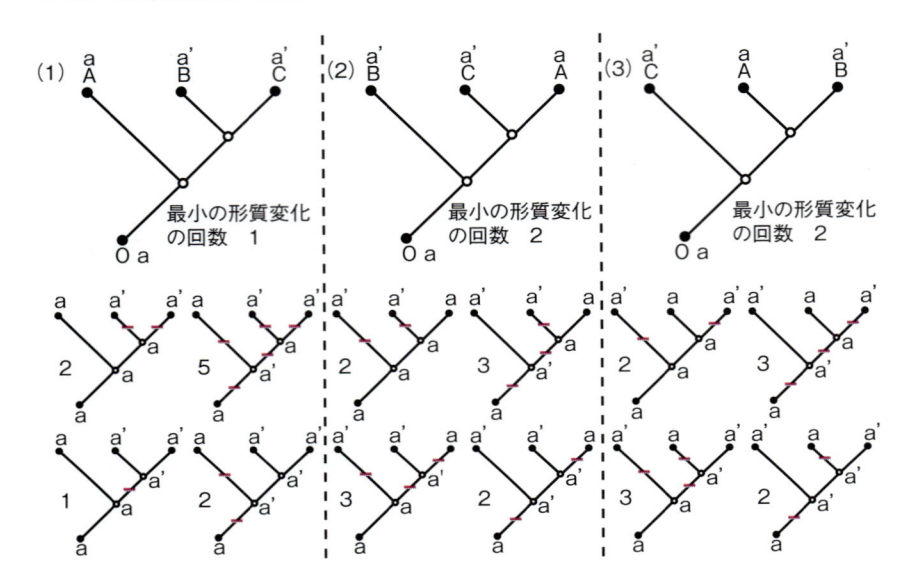

図 4.28 最節約法における樹形の選択方法

A〜Cの3種で，外群をOとして系統樹を作成する．1形質だけで考え，その形質状態を a，a' とし，外群がもつ祖先的な形質状態を a とする．考えられる樹形は3通りあり，それぞれの樹形で，2つある HTU の形質状態の組合せは4通りずつあるので，全部で12の過去復元のパターンがある．それぞれのパターンでの形質変化の回数を数え，3通りの樹形における最小の形質変化の数を見ると 1，2，2 となる．もしこの1形質だけで最節約的な樹形を選ぶとなると，(1) の樹形が選ばれることとなる．

c. 最 尤 法

最尤法（maximum likelihood method）は，基本的に DNA の塩基配列データから系統を推定するために考案された方法である．さまざまな系統樹のもとで，得られた配列データが生じる確率（尤度）を計算し，その値が最大になるような系統樹（最尤系統樹）を選ぶ方法である．尤度とは特定の仮説の下である事象が生じる確率のことである．たとえば，「コインを10回投げ表が5回出た」という事象を考える．このとき，1回投げたときのコインが表となる確率は4分の1であるという仮説を立てると，このような事象が生じる確率は 0.058 となる．同じように1回投げたときのコインが表となる確率は3分の1であるという仮説を立てると，このような事象が生じる確率は

4.5 系統推定の方法

(1) 3種の塩基配列

種A ...... C ......
種B ...... A ......
種C ...... G ......

(2) 尤度の計算

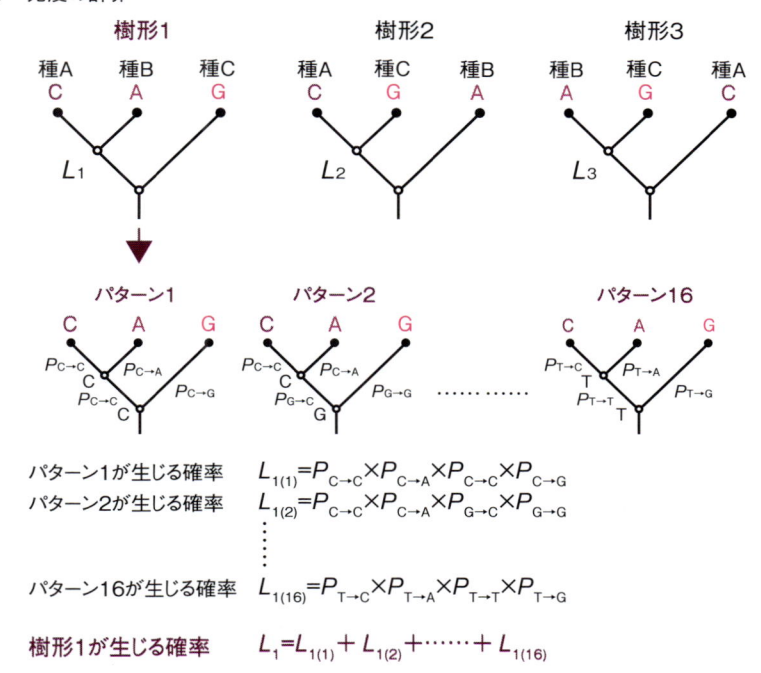

樹形1　種A 種B 種C
C A G
L_1

樹形2　種A 種C 種B
C G A
L_2

樹形3　種B 種C 種A
A G C
L_3

↓

パターン1
C A G
$P_{C \to C}$ $P_{C \to A}$
C $P_{C \to C}$ $P_{C \to G}$
C

パターン2
C A G
$P_{C \to C}$ $P_{C \to A}$
C $P_{G \to C}$ $P_{G \to G}$
G

パターン16
C A G
$P_{T \to C}$ $P_{T \to A}$
T $P_{T \to T}$ $P_{T \to G}$
T

パターン1が生じる確率　$L_{1(1)} = P_{C \to C} \times P_{C \to A} \times P_{C \to C} \times P_{C \to G}$
パターン2が生じる確率　$L_{1(2)} = P_{C \to C} \times P_{C \to A} \times P_{G \to C} \times P_{G \to G}$
⋮
パターン16が生じる確率　$L_{1(16)} = P_{T \to C} \times P_{T \to A} \times P_{T \to T} \times P_{T \to G}$

樹形1が生じる確率　$L_1 = L_{1(1)} + L_{1(2)} + \cdots + L_{1(16)}$

図 4.29　最尤法の原理
(1) 3種の塩基配列データ．ここでは1塩基のみで考える．(2) 3個の OTU の有根系統樹の樹形は3通り考えられる．2個の HTU があり，各 HTU の塩基は AGCT の4通りの可能性があるので，1つの樹形で16の過去復元のパターンが考えられる．各塩基間で塩基置換が生じる確率を P で示すと，それぞれのパターンが生じる確率 $L_{i(j)}$ は，各枝が生じる確率 P の4本分の積で計算される．16のパターンでの確率を全部加えることによって，その樹形が実現する確率 L_i を求めることができ，これを尤度と呼ぶ．尤度が最も高い樹形を最尤系統樹として選ぶ．

0.136，また，2分の1であれば0.246となる．この場合では，2分の1であるとする仮説の場合に，この事象が生じる確率（すなわち尤度）が最も高くなるので，この仮説を選ぶ．このようにさまざまな仮説のもとで事象が生じる確率を計算し，最も確率が高くなる仮説を選ぶのが最尤法の考え方である．

系統推定の場合で考えると，一つ一つの系統樹が仮説に相当し，観察された配列データが事象に相当する．すべての考えられる系統樹でこの配列データが生じる確率を計算し，その確率が最も高い系統樹を選び出す．

　実際の尤度の計算は系統樹の枝ごとに行われ，枝ごとに仮想的な祖先における配列から子孫における配列へと置き換わる確率を計算する．すべての枝に関するこの確率の積が，系統樹の尤度となる．祖先の配列はわからないが，考えられるすべての祖先配列で計算を行ってその和を求めることによって，その系統樹の尤度が求められる（図 4.29）．このように最尤法では塩基が置換される確率を基にして，系統樹の良し悪しを決定するため，進化の過程で生じる DNA の塩基配列やアミノ酸配列の置換確率を知る必要がある．そのため，この確率の値を示す何らかのモデルを選択することとなる．

　塩基置換のモデルでは，4 塩基間の置換確率を 4×4 行列で表すことができる（図 4.30）．4 塩基がまったくランダムに置き換わると仮定できればよいが実際の進化ではそうではない．4 種の塩基のうちアデニン A とグアニン G はプリン，シトシン C とチミン T はピリミジンの誘導体から塩基ができており分子の構造が異なっている．そのため，同じプリン塩基内やピリミジン塩基内での置換（トランジションという）の方が，プリン塩基とピリミジン塩基間での置換（トランスバージョンという）より起こりやすいことが知られている．その場合には，トランジション（AG 間，CT 間）の置換速度を α で，トランスバージョン（AC 間，AT 間，GC 間，GT 間）の置換速度を β で示し，この 2 つの値を変えたモデルをつくることができる．このような塩基置換の確率行列についてはいくつかのモデルが提案されている．

　またさらに，すべての塩基サイトで置換速度が同じにはならないことがある．タンパク質をコードする遺伝子ではこのことは明瞭で，コドンの中での塩基の位置によって塩基置換速度が異なっており，3 塩基目では，置換されてもアミノ酸の種類に影響を与えにくいため（図 4.13 参照），通常，置換速度が高い．このようなサイトによる置換速度の差異を補正する方法としてはガンマ補正などが知られている．ほかにもさまざまな補正が加えられ，それらの組合せでたくさんのモデルが提唱されている．

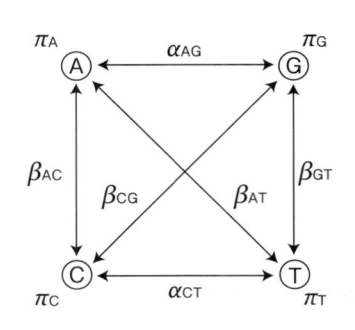

$P_{X \to Y}$	置換前 (X)			
	A	T	C	G
置換後 (Y) A	—	$\beta_{AT}\pi_T$	$\beta_{AC}\pi_C$	$\alpha_{AG}\pi_G$
T	$\beta_{AT}\pi_A$	—	$\alpha_{CT}\pi_C$	$\beta_{GT}\pi_G$
C	$\beta_{AC}\pi_A$	$\alpha_{CT}\pi_T$	—	$\beta_{CG}\pi_G$
G	$\alpha_{AG}\pi_A$	$\beta_{GT}\pi_T$	$\beta_{CG}\pi_C$	—

ジュークス-カンター(JC)モデル (パラメーターが1個)
$\pi_A = \pi_T = \pi_C = \pi_G$, $\alpha_{AG} = \alpha_{CT} = \beta_{AC} = \beta_{AT} = \beta_{CG} = \beta_{GT}$

木村の2パラメーター(K2P)モデル (パラメーターが2個)
$\pi_A = \pi_T = \pi_C = \pi_G$, $\alpha_{AG} = \alpha_{CT} \neq \beta_{AC} = \beta_{AT} = \beta_{CG} = \beta_{GT}$

フェルゼンシュタイン(F81)モデル (パラメーターが4個)
$\pi_A \neq \pi_T \neq \pi_C \neq \pi_G$, $\alpha_{AG} = \alpha_{CT} = \beta_{AC} = \beta_{AT} = \beta_{CG} = \beta_{GT}$

長谷川ら(HKY)モデル (パラメーターが5個)
$\pi_A \neq \pi_T \neq \pi_C \neq \pi_G$, $\alpha_{AG} = \alpha_{CT} \neq \beta_{AC} = \beta_{AT} = \beta_{CG} = \beta_{GT}$

一般時間反転可能(GTR)モデル (パラメーターが9個)
$\pi_A \neq \pi_T \neq \pi_C \neq \pi_G$, $\alpha_{AG} \neq \alpha_{CT} \neq \beta_{AC} \neq \beta_{AT} \neq \beta_{CG} \neq \beta_{GT}$

図 4.30　塩基置換の確率行列と代表的な塩基置換モデル
ATCG各塩基の頻度を $\pi_A, \pi_T, \pi_C, \pi_G (\pi_A + \pi_T + \pi_C + \pi_G = 1)$ とし、トランジション、トランスバージョンの置換速度をそれぞれ α と β で示した。右上の表に示した各塩基間の置換の確率 P は、各塩基の頻度と置換速度の積で表される。

　これまでは塩基配列で考えてきたが、アミノ酸の配列で解析する場合も同様に、モデルの選択が必要で、20×20の置換確率の行列をモデルとして与えることとなる。

　モデルは多数の条件を考慮すればするほど、すなわちモデルのパラメータを増やせば増やすほど、原則として適合度が上がっていく。しかしそれに生物学的な意味がなければ、必ずしもそれがよいモデルの選択とは限らない。そのため、何らかの基準を用いて、適切なモデルの選択を行うことが多い。

4章 動物系統分類学の方法

表 4.1 有根系統樹の数の増加

OTU	枝 B(n)	有根系統樹 R(n)
n	2n-1	R(n-1)×B(n-1)
1	1	1
2	3	1
3	5	3
4	7	15
5	9	105
6	11	945
7	13	10395
8	15	135135
9	17	2027025
10	19	34459425
11	21	654729075
12	23	13749310575

枝の数 $B(n)$ は，OTU の数（n）と HTU の数（$n-1$）の和となる．有根系統樹の数は 1 つ OTU が少ない有根系統樹の数にその枝の数をかけることで計算でき，$R(n) = 1 \times 3 \times \cdots \times (2n-3)$ で与えられる．

最尤法でよく用いられる AIC（赤池情報量基準）は，モデルの適合度からモデルの複雑さ（パラメータの多さ）を差し引いたもので，このような基準によって適切なモデルの選択を行う．

最尤法では置換モデルに基づいて確率の計算を行うため，モデルの選択が非常に重要となり，現実と異なるモデルを選択してしまうと，誤った系統樹になる可能性がある．

最節約法や最尤法では，基本的には考えられるすべての系統樹の中から目的とする指数，すなわち最節約法の樹長や最尤法の尤度の値が最もよい系統樹を選び出すという網羅的な探索をしなければならない．UPGMA 法や近隣結合法のように OTU を 1 つずつ結合しながら系統樹を作成する段階的な方法であれば，OTU の数が増えても計算量はそれほど増加しないが，網羅的な方法の場合は，OTU の数が多くなると，考えられる系統樹が莫大な数となり，その中から最良の系統樹を見つけるのは現実的に不可能となる（表 4.1）．そのため，しらみつぶしではなく，効率よく最良の樹形を発見するような探索法が工夫されている．

その 1 つである発見的探索法では，莫大な数の系統樹の中から最初に 1 つの系統樹を与え，その系統樹から少しだけ樹形を変化させることにより，目的とする指数が少し良い値となる系統樹を見つける（図 4.31）．それをくり返すことにより，少しずつ最適な樹形へと近づき，最適な解に到達する方法である．ただし，最初に与える系統樹によっては，最適な系統樹ではなく，その周辺で局所的に一番良いだけの解へと到達してしまう可能性がある．これを防ぐために，最初の系統樹をランダムに複数個を選んで解析するなどにより，このような局所解へと落ちてしまう可能性を減らす方法が用いられる．

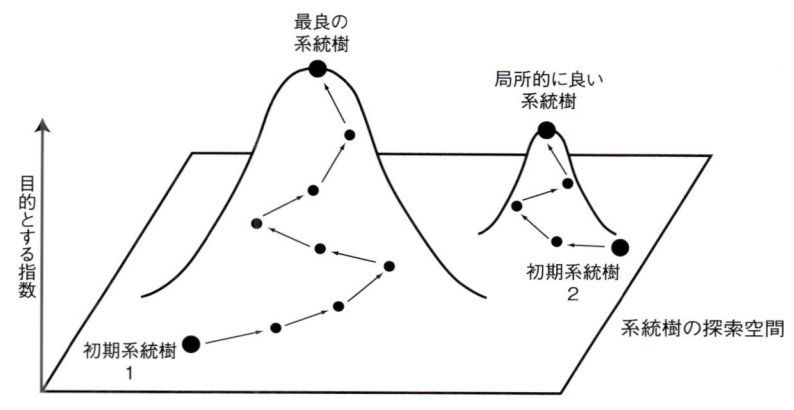

図 4.31 発見的探索法
考えられる系統樹の中から初期値を選び，少しずつ変形して目的とする指数がより良い値となる系統樹に変えていくことにより，最もその指数が良い系統樹（最適解）に到達する方法である．ただし，選んだ初期系統樹によっては，最適解ではなく，その系統樹近辺で局所的にその指数が最も良い誤った系統樹に到達してしまう．（三中，1997 を改変）

d. ベイズ法

　最近では最尤法と関連したベイズ法（Bayesian method）も用いられるようになってきた．各 OTU の塩基配列データのセットが得られたとき，最尤法では，それぞれの系統樹の尤度，すなわち「それぞれの系統樹のもとで，このような塩基配列データが生じる確率」を比較して，尤度が最も高い系統樹を求めた．それに対して，ベイズ法は，それぞれの系統樹の事後確率，すなわち「このような塩基配列データが生じているとしたときに，それぞれの系統樹が得られる確率」を比較して，事後確率が高い系統樹を求める方法である．

　ベイズ法はベイズの理論に基づいている．ベイズの理論は条件付確率の考えに基づく1つの方程式で与えることができる．H と D との2つの事象があるときに，H が生じる確率を $P(H)$，D が生じる確率を $P(D)$ で表すこととする．このとき $P(H \& D)$ は H と D の両事象が共に生じる確率，$P(D \mid H)$ は H という事象のもとで D が生じる条件付確率とすると，$P(H \& D) = P(H) \times P(D \mid H)$ となる．

■4章 動物系統分類学の方法

　また，$P(H \mid D)$ は D という事象のもとで H が生じる条件付確率を示すとすると，$P(H \mid D) = P(H \& D)/P(D)$ となるが，この $P(H \mid D)$ が事後確率と呼ばれるものである．最初の式をこの式に代入すると，

$P(H \mid D) = P(D \mid H) \times P(H)/P(D)$

となり，これがベイズ方程式と呼ばれる．

　事象 H が正しい確率 $P(H)$ を事前確率と呼ぶ．事象 H という仮定のもとで事象 D が生じる確率 $P(D \mid H)$ が最尤法における尤度に相当することになり，このベイズ方程式を言葉で書き直すと

H の事後確率＝尤度 × H の事前確率 / D が生じる確率

となる．

　この式の意味を考えるために，例として，ある40歳女性がマンモグラフィーによる乳ガンの検査を受けて陽性反応がでたときの検査結果の解釈について考えてみよう．マンモグラフィー検査は，乳ガン患者の80％で陽性を示すこと，乳ガンでない人の10％も陽性を示すことが知られている．このときに，検査で陽性となったある女性が実際に乳ガンである確率はどれくらいであろうか．これらのデータだけからだと，乳ガンである確率が80：10で89％といった高い値を予想するかもしれない．

　ここで，実際に40歳の女性が乳ガンである確率は1％だというデータが得られているとする．この場合，検査をする前に，この女性が乳ガンである確率を予想すると1％となるが，これが検査前の事前確率 $P(H)$ の値である．

表4.2　ベイズの理論

		乳ガン患者の数	乳ガンでない人の数	計	
全体		10	990	1000	→ $P(H) = 10/1000 \times 100 = 1\%$
マンモグラフィー	陰性	2	891	893	
検査	陽性	8	99	107	→ $P(H \mid D) = 8/107 \times 100 = 7.5\%$
		↓		↳ $P(D) = 107/1000 \times 100 = 10.7\%$	
		$P(D \mid H) = 8/10 \times 100 = 80\%$			

40歳の女性の乳ガンである確率の計算．全体を1000人として頻度で示した．$P(H)$：乳ガンである確率（事前確率），$P(D)$：検査で陽性となる確率，$P(D \mid H)$：乳ガン患者が検査で陽性となる確率，$P(H \mid D)$：検査で陽性となった人が実際に乳ガンである確率（事後確率）．

では，検査で陽性が判明した女性が実際に乳ガンである確率を計算してみる．検査結果が陽性であるというデータ（D）が出た後で，この女性が乳ガンであるという仮説（H）が生じる事後確率 $P(H\mid D)$ は，実際には 7.5% という数値となる（表 4.2）．この値は先に示したベイズ方程式から 80% × 1%／10.7% = 7.5% と計算できることがわかる．

　このことを系統解析の場合に当てはめる．塩基配列という実際に観察されたデータ D が与えられたとき，系統樹 H の事後確率をすべての考えられる系統樹で計算し，この中から事後確率の値が最も高い系統樹を選ぶこととなる．系統樹 H の事後確率を計算するには尤度のほかに，H の事前確率と配列データ D が生じる確率とがわからなければならない．事前確率は，ほかの情報（たとえば，ほかの遺伝子を用いた系統推定）から経験的にすでにわかっている確率などがなければわからない．しかしながら，通常はそのような事前確率はわからないので，考えられるすべての系統樹の事前確率が同一であると仮定してしまうが，そのように仮定した場合にはベイズ法は本質的

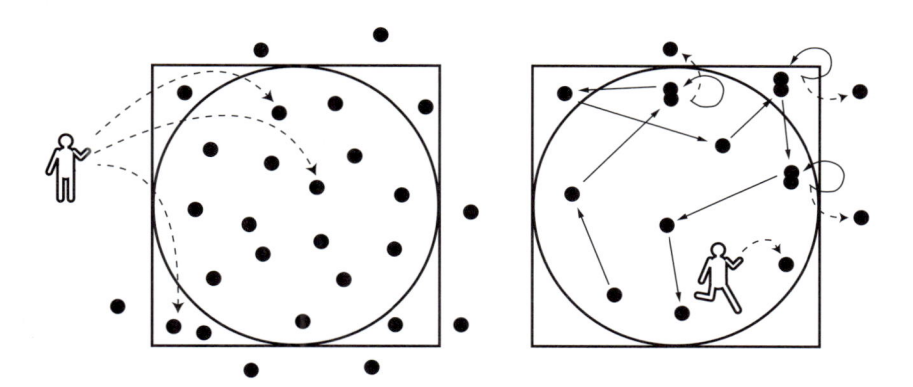

図 4.32　マルコフ連鎖モンテカルロ法の原理
モンテカルロ法を使って，計算ではなくシミュレーションによって円の面積を求める．ランダムに多数の石を放り投げ，正方形の内側に入った石のうち，円の内側に入った石の割合を求めることにより，正方形の面積から円の面積を推測することができる．左は直接サンプリングで外側から石を投げている．右がマルコフ連鎖で，石が落ちた地点に人が移動しながらランダムに石を投げることをくり返す．もし石が正方形の外に出てしまった場合，その場に留まると判断してその場に 1 個の石を重ねて，次の石を放り投げることとする．重なり合った石は正方形の枠の近くに多く分布することとなる．

■ 4 章　動物系統分類学の方法

には最尤法と同等となる．配列データ D が生じる確率は，考えられるすべての系統樹での確率の総和を計算（積分）することとなり，解析的に求めることはできない．

そのため，実際の事後確率の計算にはマルコフ連鎖モンテカルロ法というシミュレーションによる方法が用いられる（図 4.32）．モンテカルロ法とはランダムな試行を何度もくり返すことによりある値を近似的に計算する方法であり，マルコフ連鎖とは前の試行の結果に基づいて連鎖的に次の試行を行っていく方法である．

系統解析においては，まず初期系統樹を与え，それからランダムに一部を変えた系統樹をつくる．ある基準を設けて 2 つの系統樹を比較して，新しい系統樹の事後確率が，ほぼ変わらないか高くなる場合はその系統樹へと進むこととし，かなり低くなる場合には元の系統樹に留まることとする．このような試行をくり返すことにより系統樹を探索していくと，事後確率が高まった定常状態に達する．ベイズ法では最終的に 1 つの最適解に到達することを目的とはせず，その定常状態にある多数の系統樹から後で述べる合意樹など

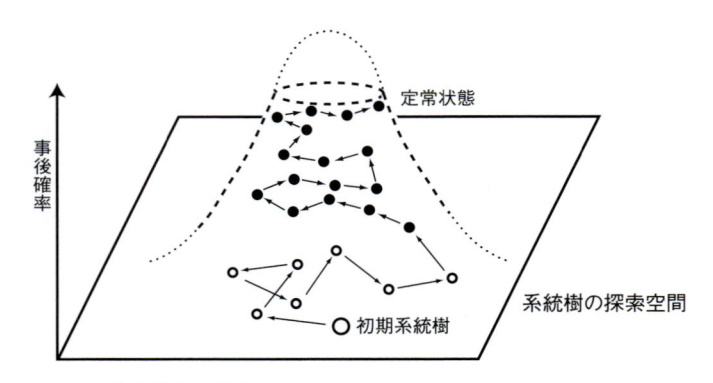

図 4.33　ベイズ法の原理
初期系統樹からマルコフ連鎖モンテカルロ法によって，事後確率分布を推定していく．系統樹を少し変化させ，事後確率がそれほど悪くならない場合はその系統樹へと進むということをくり返していく．最初はばらつき，その後，少しずつ事後確率が上昇していくが，ある程度最適解に近づいてくると定常状態に達する．山の形である事後確率分布から，山の頂上にある最適解を推定する．（Lewis, 2001 および三中（未発表）を参考に作図）

を描くことにより，最も事後確率が高い系統樹を推定する（図 4.33）.

最尤法のように1つの最適な解に至らなくても，系統を推定する上では，得られた塩基配列データがどの系統樹をどの程度の確率で支持するか，という情報が重要であり，その確率を事後確率として直接求めることができる点がベイズ法の長所である．また，ベイズ法は最尤法より計算時間がはるかに短いため，しばしば最尤法に代わる方法として使われている．ただし，事後確率の値は過大評価になることが多いことが知られており，間違った系統樹を推定した場合でも，見かけ上高い信頼性を与えることがあるため注意が必要である．

4.5.2　系統樹の信頼性の評価

ある系統樹が求められたとき，その系統樹にはどれくらいの信頼度があり，別の系統樹と比較してどれくらい優れているのかを客観的に判断することが重要である．同一のデータからでも，異なる方法を用いれば複数の異なる系統樹が作成される．系統樹の良し悪しは真の系統樹にどれくらい近いかで判定されるが，真の系統樹はわからないため，実際には分岐パターンや各枝の枝長の統計的信頼性を調べることによって検討される．

その際に，最もよく使われている方法がブートストラップ法（bootstrap method）である（図 4.34）．通常の統計学では，ある母集団からサンプルを得て，そのサンプルから平均値などの統計量を求め母集団の推測値とするが，ブートストラップ法では，サンプルからリサンプリングをすることにより，擬似的な集団をたくさんつくり，そこから統計量を算出する．得られた塩基配列データから，重複を許して無作為に同数を再抽出することにより，もとのデータサイズと同じ大きさの擬似配列データをつくり，この擬似配列データを使って同じ方法で擬似的な系統樹（ブートストラップ系統樹）を作成する．この操作を多数回（普通は 1000 回以上）くり返して，多数のブートストラップ系統樹の中で，もとの系統樹のある枝が，どのくらいの割合でつくられているかという頻度（ブートストラップ確率）を調べ，その確率を信頼度として用いる方法である．たとえば，得られた系統樹で，あるタクソンが単系統となっているときに，ブートストラップ系統樹を 1000 個つくり，こ

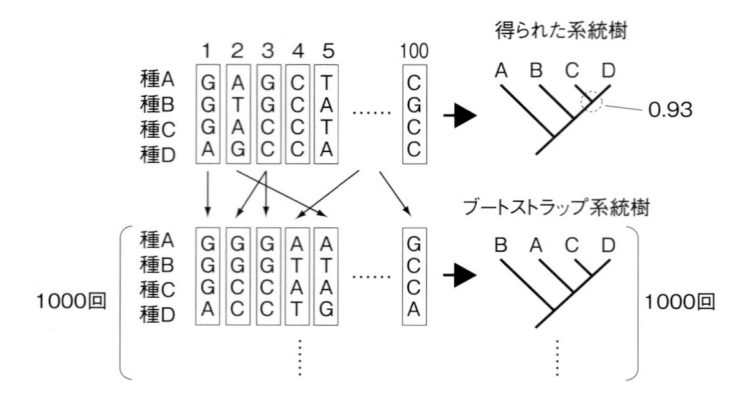

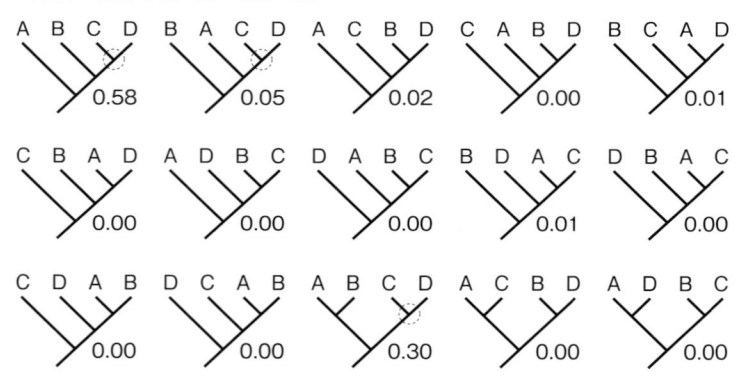

■ 4章　動物系統分類学の方法

図 4.34　ブートストラップ法
4種 100 塩基の配列データがある場合の例．100 のデータ組の中から重複した選択を許して 100 のデータ組を選び，擬似的に 4 種 100 塩基の配列データをつくり，そのデータから系統樹を作成する．それを 1000 回くり返せば，1000 個の系統樹が得られ，考えうる 15 通りの樹形がそれぞれ何回得られたかの確率が求められる．系統樹の一部，たとえば種 C と種 D が姉妹群となっている分岐を支持する確率であれば，この 2 種が姉妹群となっている 3 つの系統樹の確率を合計して求めることができる．

のタクソンが単系統をなしている系統樹が 800 個得られたとすれば，このタクソンの単系統性は 80% のブートストラップ確率で支持されたということになる．

このリサンプリング統計による方法は，元の塩基配列データからの推定以上のものを与えるわけではない．ブートストラップ確率は，あくまで，使用した配列データが与えられたときに，求めた特定の樹形が得られる確率を示すものであり，求めた樹形が「真の」系統樹である確率を示しているとみなすべきではないので注意が必要である．

4.5.3　実際の系統推定と合意樹

実際の系統推定では，用いる遺伝子によって得られる系統樹が異なる場合もある．よりよい系統推定をするためには，基本的には数多くの遺伝子を用いて系統を推定する方が望ましい．現在では系統推定に用いることのできるデータが格段に増え，単一の遺伝子だけでなく，異なる複数の遺伝子のデータがとられることが多くなってきた．また，系統樹の構築には複数の方法があるが，実際にはそれぞれで異なる系統樹が得られる場合がある．このように互いに矛盾する複数の系統樹がある場合には，それらを総合的に評価しなければならない．

異なる複数の遺伝子のデータがある場合でも，同じ系統樹の構築法を用いるのであれば，必ずしもそれぞれの遺伝子ごとに系統樹を作らなくてもよい．

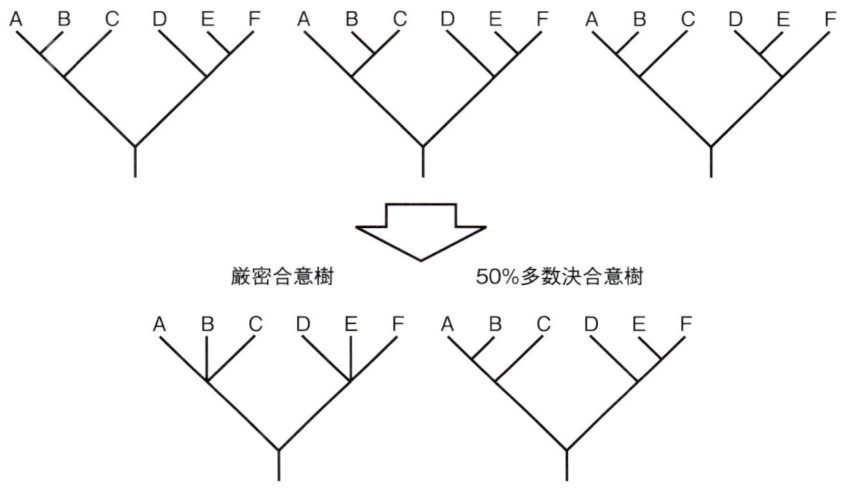

図 4.35　厳密合意樹と多数決合意樹

最節約法では，それらの遺伝子の塩基配列データをつなぎ合わせて，1つの大きな配列データとして結合して扱うことにより，また最尤法では複数の遺伝子を合わせての総合的な系統樹の尤度を求めることにより，1つの最良な系統樹を推定することができる．

個々のデータに基づいて系統樹をそれぞれ別々に構築した場合は，得られた複数の系統樹から合意樹（consensus tree）と呼ばれる系統樹をつくることができる（図4.35）．この方法は系統樹の構築方法を問わないので，異なる構築法で得られた系統樹の場合にも適用できる．合意樹の作成法としては，すべて（すなわち100％の系統樹が）一致して支持する分岐のみを表現した厳密合意樹と，多く（通常は50％以上）の系統樹が支持する分岐パターンを表現した多数決合意樹の2つが用いられる．これらの合意樹で分岐が不明とされたところは3本以上の枝へと分かれる多分岐で表現される．

このように，系統樹を作成するためのさまざまな手法が開発され，数学的，理論的な研究も数多くなされてきている．系統推定において大切なことは，これらの多数の手法の中から，得られたデータの解析に適切で，生物学的に意味がある結論を引き出すような手法を選択しなければならないことである．系統樹に限らず統計学的な検定作業などにおいても同じであるが，系統樹を構築するためのコンピューターソフトが充実し，誰でもデータを入れれば，結果が統計的信頼性と共に簡単に得られる時代となった．しかし，本当に正しい方法で結果を得ているのかを常に気にかける必要がある．それを判断するにあたっては，それぞれの方法の原理や特徴を知っておくことがとても重要であろう．

また，正しい系統を推定する上で，どのくらいの数のOTUをどのように含めるかというタクソン・サンプリングはとても重要であることがわかってきた．さまざまな遺伝子や領域で，解析された種の数が増えてきたとはいうものの，まだまだ解析されていない種の数の方が多い．分子系統解析を行うにあたって，今後は，解析対象とする分類群において，可能な限り網羅的に多数のタクサを含むような解析を行うことで，より真実に近い系統樹が得られるようになっていくであろう．

5章 動物の系統と進化

　古くより行われてきた分類学，それと進化が結びついた系統分類学の研究によって，地球上の動物の多様な姿が次第に明らかにされてきた．ここからは，実際，地球上にどのような動物がいるのかを把握し，それらの動物がどのような進化を通して生じてきたのかを理解する．近年，分子系統解析によって，動物の進化は伝統的に考えられていた道筋とはかなり異なる部分があることがわかってきた．伝統的な見方と近年の見方を対比させながら，動物界全体の系統と進化を解説することとしたい．

5.1　生物の分類と動物界

　地球上で生命が誕生したのは必ずしも一度ではなかったかもしれないが，現在生息している生物を生みだしたのは1つの生命からの進化であったと信じられている．その最大の根拠はすべての生物に共通して見られるアミノ酸の標準遺伝暗号である（図4.13参照）．少数の生物に部分的な違いがあるが，それらは後から変化したと考えられ，これまで調べられた生物では基本的に同じ暗号が用いられている．このような複雑な対応関係が独立に複数回発生したとは確率的に考えにくく，アミノ酸の標準遺伝暗号はただ1つの祖先生物においてただ一度生じただけで，その1つの祖先生物から現在に至る全生物が進化したと考えられている．

　ではこれらの生物の中で「動物」とはどこまでを含み，他の生物とどのような系統関係にあるのか？　生物の微細構造の観察技術や分子系統解析の発展などによって，近年，生物全体の分類体系のとらえ方が大きく変化し，その中の動物の位置づけも変わってきた．紀元前4世紀のアリストテレスの時代から，18世紀のリンネの時代まで，生物は動物界と植物界の2つに分類されていた．19世紀半ばには，ドイツの生物学者ヘッケル Ernst Haeckel

■ 5章　動物の系統と進化

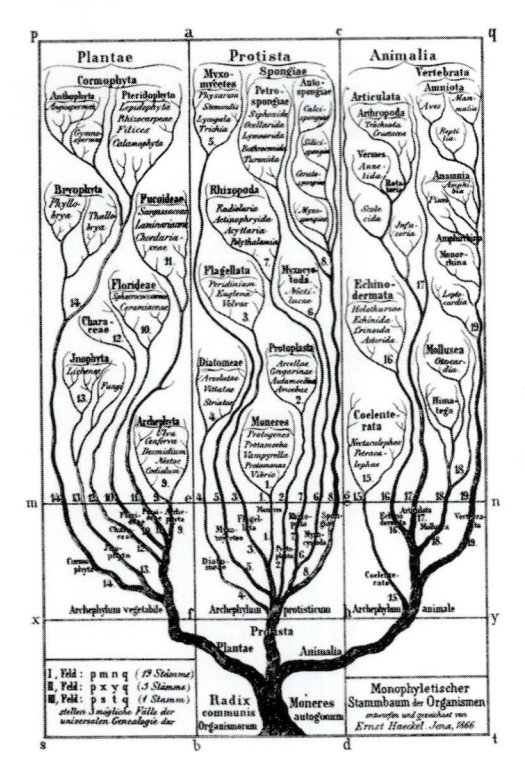

図 5.1　ヘッケルの系統樹
ダーウィンの進化論を取り入れ，系統の考えを系統樹を使って表現している．植物界，原生生物界，動物界の 3 界に生物が分けられている．1866 年のこの系統樹では，原生生物界に，単細胞の原生生物のほかに原核生物である細菌類や多細胞動物である海綿動物などが含まれている．（Haeckel, 1866 より）

(1834-1919) が，ダーウィンの進化論を取り入れ，生物の系統を 1 つの根をもつ系統樹で表現した（図 5.1）．その際，ヘッケルは，動物界，植物界のほかに，動物にも植物にも分類できない生物を原生生物界として，生物を 3 界に分類した．

電子顕微鏡が発達し細胞の構造などが詳細に観察できるようになり，また生化学的な知識が蓄積するに従って，このような伝統的な生物の見方が大きく変わってきた（表 5.1）．生物は細胞の構造から，細胞に核や細胞小器官がない原核生物と，細胞に膜で覆われた核や細胞小器官をもつ真核生物とに大きく分けられるようになった．アメリカの生物学者ホイタッカーは 1969 年に生物を五界に分類する五界説を提示した．五界説では，細菌などすべての原核生物を含むタクソンをモネラ界とし，原生生物界は真核生物からなるタ

表5.1 生物の分類体系の変遷

三界説 ヘッケル 1866年	四界説 コープランド 1956年	五界説 ホイタッカー 1969年	六界説 ウーズ・フォックス 1977年	三ドメイン ウーズら 1990年	構成する生物群
原生生物界	モネラ界	モネラ界	真正細菌界	真正細菌ドメイン	細菌
			古細菌界	古細菌ドメイン	メタン生成細菌, 好熱好酸菌
	原生生物界	原生生物界	原生生物界	真核生物ドメイン	藻類, 原生動物, 変形菌類
植物界		菌界	菌界		きのこ, かび, 地衣植物
	植物界	植物界	植物界		コケ類, シダ類, 種子植物
動物界	動物界	動物界	動物界		無脊椎動物, 脊椎動物

クソンとした．真核生物は原生生物界を含む4界に分類した．原生生物界は，胚をつくらず組織はもたず，ほとんどが波動毛(はどうもう)（真核細胞の繊毛や鞭毛で微小管が9＋2構造に配列する）をもつ．もともとは単細胞生物のみを含んだが，後には多細胞生物も加えられた．動物界は多細胞で摂食型従属栄養であり，菌界は胞子を形成し波動毛をまったくもたない．また，植物界は多細胞で有性生殖をし，葉緑体をもち光合成による独立栄養を営んでいる．原核生物（モネラ界）と真核生物との違いが大きく，真核生物の4つの界はそれに比べてあまり大きな差はないと考えられた．

その後，リボソームRNA（rRNA）による分子系統解析が生命の初期進化，すなわち生物全体の系統分類の見方を大きく変えていくこととなる．すべての細胞はリボソームを使ってタンパク質を合成し，そのリボソームは大サブユニットと小サブユニットと呼ばれる粒子から構成されている．これらのサブユニットの核になっているのがRNAであり，それぞれ，大サブユニットrRNA，小サブユニットrRNAと呼ばれる．これらのrRNAは真核生物も原核生物ももっており，かつ細胞内に大量に存在するため，生物全体の分子系統解析に非常に有効であることがわかった．とくによく使われる小サブユニットrRNAによる分子系統研究の結果に基づき提案された六界説では，モネラ界を，メタン生成細菌など極限環境に生息する細菌を含む古細菌界と，通常の環境に生息している細菌を含む真正細菌界の2つの界に分類した．さらに，界よりも上に，真核生物，古細菌，真正細菌の大きな3つの系統を認め，ドメイン（超界）と呼ぶ分類階級としている．ここに示した体系以外にも，

これらを修正した体系や，さらに多くの界に細分した体系も提示され，まだ議論が続いている．

　従来，動物の一員として扱われることが多かったゾウリムシのような原生「動物」は動物界には含めず，現在，動物界は多細胞の動物(後生動物とも言う)からなるタクソンとしてとらえられている．本書では，この動物界を対象として，その系統分類体系を扱っていくこととする．

5.2　化石記録から見た動物の進化

　系統分類学では，基本的に現生の動物に含まれる情報から進化の研究を行うが，進化を復元する上で，化石記録が重要であることは言うまでもない．まずは化石記録をたどり，動物が誕生してから現在までにどのように進化してきたかの概略に触れておこう．

　地球の歴史は約46億年とされ，地球上で初めての生命が誕生したのは今から30億年以上前と考えられている．その頃にはDNA，RNA，20種のアミノ酸の遺伝暗号，リボソームを備えた生命が存在しており，現在まで受け継がれている基本的な生命のしくみが確立されていた．最初に原核生物である真正細菌と古細菌の系統が生じ，そののち古細菌の系統から細胞に核をもつ真核生物が進化した．真核生物とされる最古の化石は21億年前の地層から発見されている．単細胞の真核生物である原生生物が多様化をとげ，そのうちの一部が多細胞化し，さらに，植物界，菌界，動物界へと分化していった．後の節で述べるように，動物界は単系統であり襟鞭毛虫から生じたと考えられているが，古生物学的証拠および分子系統解析によって，動物界の起源は10〜12億年前まで遡れるであろうと推定されている．

　およそ5億4200万年前からの化石がたくさん見つかるようになる時代を顕生代と呼んでいる（表5.2）．最古の多細胞動物の化石は顕生代に入る前の6億年前頃に遡って発見されている．約6億2000万年〜5億4200万年前のエディアカラ化石群は，多様な生物の化石を含んでおり，最初オーストラリアで発見され，今では世界各地からみつかっている．これらの化石は現存する多細胞動物とはまったく異なる動物群であるとする解釈も，一部は現存の

5.2 化石記録から見た動物の進化

表 5.2　地質年代と主な出来事

累代	代	紀	世	年代	動物界の進化に関する主な出来事
顕生代	新生代	第四紀	完新世	1万1700年前～	大陸の位置は現在の形となる；くり返し氷河期となり海水面が下降；大型の哺乳類や鳥類の絶滅；人類の進化
			更新世	258万8000年前～	
		新第三紀	鮮新世	533万2000年前～	大陸の位置は現在の形へと近づく；気候が寒冷乾燥化，哺乳類，鳥類，ヘビ類，花粉媒介の昆虫類，真骨魚類の適応放散
			中新世	2303万年前～	
		古第三紀	漸新世	3390万年前～	
			始新世	5580万年前～	
			暁新世	6550万年前～	
	中生代	白亜紀		1億4550万年前～	隕石による大量絶滅
		ジュラ紀		1億9960万年前～	パンゲア大陸の分裂，恐竜の繁栄，鳥類の出現
		三畳紀		2億5100万年前～	哺乳類の出現，海洋動物の大量絶滅
	古生代	ペルム紀		2億9900万年前～	パンゲア大陸の形成，爬虫類が繁栄；大量絶滅
		石炭紀		3億5920万年前～	ゴンドワナ超大陸の形成，両生類が繁栄
		デボン紀		4億1600万年前～	硬骨魚類の多様化；海洋動物の大量絶滅
		シルル紀		4億4370万年前～	無顎類の多様化，最古の陸上節足動物化石（4億2800万年前）
		オルドビス紀		4億8830万年前～	海洋動物の適応放散；海洋動物の大量絶滅
		カンブリア紀		5億4200万年前～	カンブリアの大爆発（微小有殻化石，バージェス頁岩動物群），ほとんどの動物門の出現，無顎類の出現
原生代				25億年前～	最古の真核生物の化石（21億年前），エディアカラ化石群（6億2000万年前～5億4200万年前）
始生代				40億年前～	最古の生痕化石（39億年前），最古の原核生物化石（35億年前）
冥王代				46億年前～	

(Futuyma, 2005 を改変．年代は International Commission on Stratigraphy に基づく)

刺胞動物，環形動物，棘皮動物の仲間であるとする解釈もあり，意見は分かれている．

顕生代の最初の時代はカンブリア紀と呼ばれ，カンブリア紀の始まりとともに，多細胞動物がいっせいに進化し，化石に残る硬い骨格を獲得して，短期間で多様なボディープランの動物群が生じた．現生の動物門のほとんど，海綿動物，軟体動物，腕足動物，節足動物，棘皮動物，環形動物，脊索動物など30近くの動物門がこのときに生じたと考えられている．これをカンブリアの大爆発と呼んでいる．ただし，分子系統解析による分子時計からは，各動物門の実際の起源は最初の化石記録よりも約10億年以上前であろうと推測されている．

カンブリア紀の初めには，珪酸，炭酸カルシウム，リン酸塩などからできた骨片などの微細な化石が出現し，微小有殻化石と呼ばれている．この中には，海綿動物，軟体動物，腕足動物，節足動物，棘皮動物の体の一部であると同定できる化石が含まれている．少し後になると，中国雲南省の地層から見つかった澄江動物群（約5億3000万年前）やカナダのバージェス頁岩をはじめとするバージェス動物群（5億2500万年前）のように，多様な動物が含まれる体全体が保存されている化石群が発見されている．これらの動物には現在の動物には知られていないボディープランをもったものも多数存在している．

その後のオルドビス紀には，カンブリア紀までに出現した動物門のそれぞれが大きく適応放散をとげた．棘皮動物では現生の5綱に対して，およそ20の綱が記録されている．オルドビス紀末には大量絶滅があったが，顎がない脊椎動物である無顎類はオルドビス紀を生き延び，シルル紀には多様化をとげ，顎のある脊椎動物も出現した．陸上に生息する最古の動物としては，節足動物多足類の化石がシルル紀から知られ，その後のデボン紀には様々な節足動物が出現し，石炭紀には翅をもつ昆虫類が出現した．脊椎動物では，硬骨魚類，両生類，爬虫類が次々と出現し繁栄する．デボン紀後期にも大量絶滅が知られているが，古生代最後のペルム紀末には地球史上最大の大量絶滅が起こり，5～8百万年の間に骨格をもった海に生息する無脊椎動物の科

の52%，種の96%が絶滅したと言われている．三葉虫類（節足動物）や四放サンゴ類や床板サンゴ類などの古生代型サンゴ類（刺胞動物）が絶滅し，ほかにも腕足動物，外肛動物，昆虫類，両生類などの種の数が大きく減少した．

中生代は爬虫類の時代で，ジュラ紀には恐竜が繁栄した．また哺乳類や鳥類が出現した時代でもある．大陸の形も大きく変わり，古生代に形成されたパンゲア大陸が，北のローラシアと南のゴンドワナに分裂した．陸上に生息する節足動物では，現在生き残る昆虫類のほとんどが白亜紀までに出現し，種子植物の進化に伴って多様化を遂げたと考えられている．軟体動物のアンモナイト類や二枚貝類は三畳紀末の大量絶滅で大きく減少したが，これらの動物群はジュラ紀には再び適応放散をとげる．ジュラ紀はいわゆる「中生代の海洋変革」が始まった時代で，軟体動物の殻を破壊する能力があるカニ類や硬骨魚類の進化とともに，厚い殻などによる防御がしっかりとした軟体動物が進化した．白亜紀末（しばしばK/T境界と呼ばれる）には，隕石の衝突が原因と考えられる大量絶滅が起こり，アンモナイト類，海に生息する爬虫類，無脊椎動物の多くの科などが絶滅に追いやられた．

新生代は完新世（現世）を含めると7つの世に分けられている．海洋では白亜紀末の大量絶滅を生き残った中世代からの動物群のほかに，棘皮動物ウニ類の一群であるカシパン類など新たな高次分類群もいくつか出現した．新生代は，哺乳類が陸上で優勢となり，哺乳類の時代とも呼ばれるが，ほかにも鳥類や昆虫類，真骨魚類などが適応放散を遂げ，ついに現在の動物相が形成されることとなる．新生代の後半である第四紀に入ると，人類も出現する．第四紀の更新世には氷河期がくり返しおとずれた．氷河期には，気候の寒冷化で海に生息する多くの貝類が熱帯地域などで絶滅しており，また，海水面も現在の位置より100 m以上下がった状態であった．更新世の最終氷期には多数の大型の哺乳類が絶滅している．

殻や骨格などの硬い部分をもつ海に生息する動物が最も化石として残りやすいため，それらを対象として顕生代における多様性の変化を見ると図5.2のようになる．科の数で多様性の変遷を追うと，カンブリア紀からオルドビス紀に急激に増加し，その後の古生代の間はほぼ横ばいとなる．中生代と新

■ 5章　動物の系統と進化

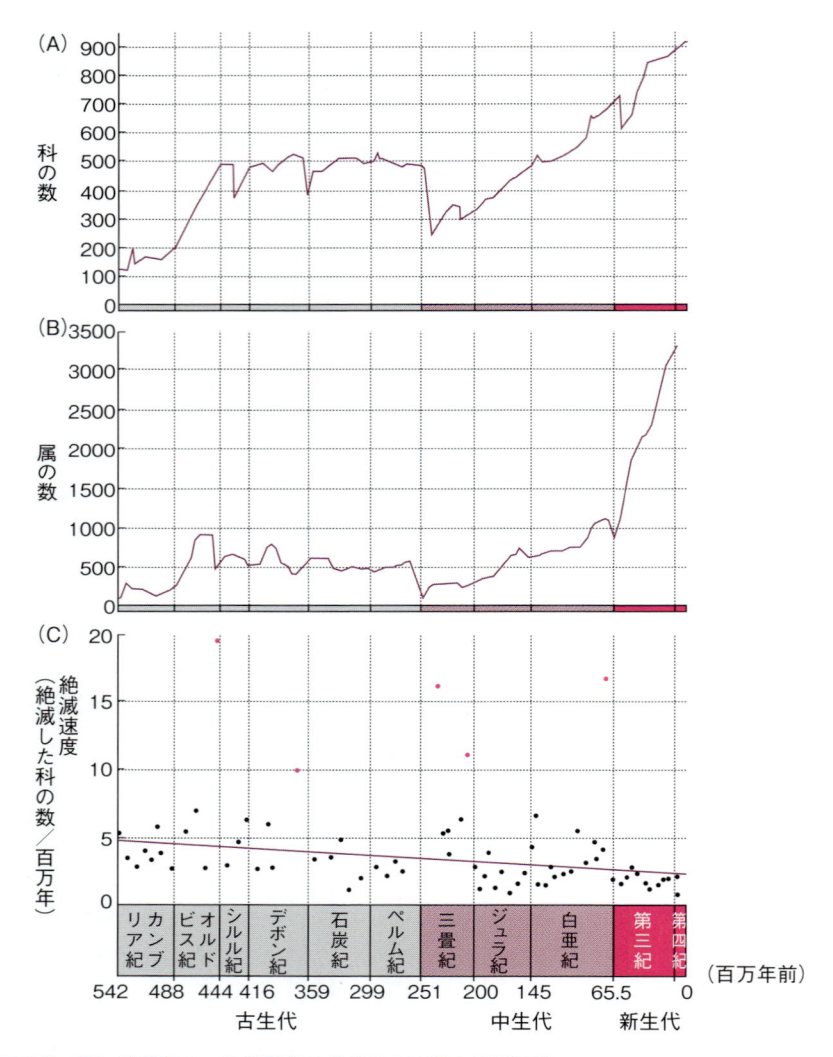

図 5.2　硬い骨格をもつ海洋動物の多様性の変遷と絶滅速度
地質年代を細分したステージ（多くは 5〜6 百万年）ごとの値で示す．A：科の数．B：2 つ以上のステージにわたって出現する属の数．C：科の絶滅速度．赤丸はオルドビス紀，デボン紀，ペルム紀，三畳紀，白亜紀の各紀末に起こった大量絶滅を示す．直線は，大量絶滅以外のデータを基にした回帰直線．（Futuyma, 2005 を改変．Sepkoski, 1984；Foote, 2000；Raup & Sepkoski, 1982 に基づく）

5.2 化石記録から見た動物の進化

(A) コンブリア型動物群

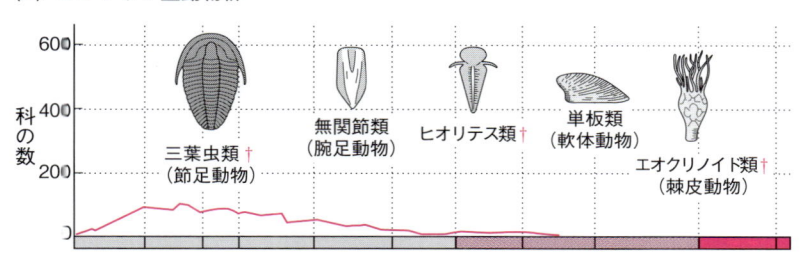

三葉虫類†
（節足動物）

無関節類
（腕足動物）

ヒオリテス類†

単板類
（軟体動物）

エオクリノイド類†
（棘皮動物）

(B) 古生代型動物群

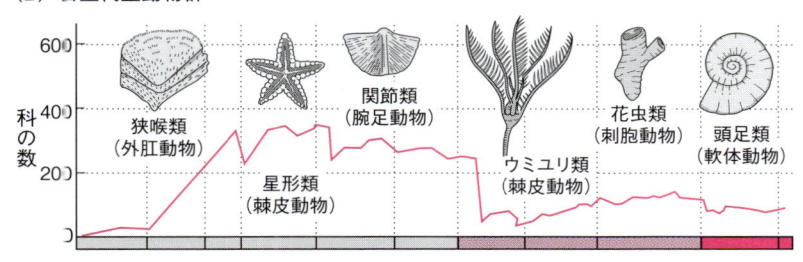

狭喉類
（外肛動物）

星形類
（棘皮動物）

関節類
（腕足動物）

ウミユリ類
（棘皮動物）

花虫類
（刺胞動物）

頭足類
（軟体動物）

(C) 現代型動物群

二枚貝類
（軟体動物）

ウニ類
（棘皮動物）

腹足類
（軟体動物）

甲殻類
（節足動物）

硬骨魚類
（脊索動物）

カンブリア紀 | オルドビス紀 | シルル紀 | デボン紀 | 石炭紀 | ペルム紀 | 三畳紀 | ジュラ紀 | 白亜紀 | 第三紀 | 第四紀

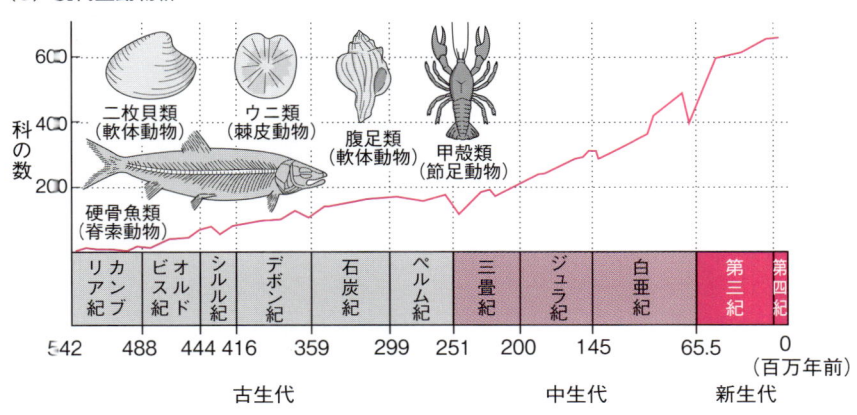

542　488　444　416　359　299　251　200　145　65.5　0
（百万年前）

古生代　　　中生代　新生代

図 5.3　進化史上の多様性の変遷における 3 つの型
イラストはそれぞれの動物群に属する主なタクサ．† は絶滅したタクサを示す．（Futuyma, 2005 を改変．Sepkoski, 1984 に基づく）

生代ではほぼ一定の割合で増加し第四紀で最大に達している．属の階級でも，ほぼ似たようなパターンが観察されている．陸上の動物に目を向けると，昆虫類の科の数はペルム紀以降ほぼ一定の割合で増加してきた．また，陸上の四肢動物の科の数も白亜紀中期から徐々に増加し，新生代に入ると鳥類や哺乳類の増加によって，急激に増加する傾向が見られる．しかしながら化石に残る割合は時代によって異なるバイアスがかかるため，実際の多様性増加のパターンを推測するのは難しい．

海に生息する動物では，顕生代の間に，主な大量絶滅が5回生じたことが知られており，それを境に多数のタクサが入れ替わっている．これらの海洋動物は，進化史における出現のパターンで大きく3つの動物群に分けて考えることができる（図5.3）．カンブリア型動物群はカンブリア紀に出現し，古生代の終わりまでにほぼ絶滅した．古生代型動物群は古生代に繁栄し，中生代以降は細々と生き残った．また，現代型動物群は，多様性を増し，現在にも生き残っている．このように，進化を通して，動物相が変化してきた．何らかの特別な理由から生じたと考えられる大量絶滅を除外しても，ランダムに生じている絶滅（背景絶滅と呼ばれる）があり，これは時代とともにやや減少してきたことがわかる（図5.2 C）．その理由は十分に説明されていないが，カンブリア型動物群のように生態学的に絶滅しやすい特質をもった高次分類群が，地質時代の早い時期に絶滅してしまったことなどが原因の一つにあげられている．

5.3　動物のボディープランとその進化

動物の基本的な体のつくりのことをボディープラン（体制）と言う．ボディープランを基にして，現在の地球上の動物は，30を超える動物門に分けられている．現生の動物の形態学的な研究や分子系統解析を通して，このさまざまなボディープランがどのように進化してきたかが研究されてきた．動物界の系統が，これまでどのように考えられてきて，現在どこまでわかってきているのかを見ていくことにする．

5.3.1 動物界の起源

動物界（すなわち後生動物）は単一の祖先に由来する単系統なのであろうか．また，どのような祖先生物から進化してきたのであろうか．後生動物の祖先は単細胞の原生動物とされてきたが，その祖先としては主に鞭毛虫類と繊毛虫類の両方が考えられ，2つの説が提唱された（図5.4）．

1つは，ヘッケルが唱えた群体鞭毛虫仮説（ガストレア説）である．ヘッケルは襟鞭毛虫の集合体を動物界の祖先動物とみて多細胞動物を単系統と考え，海綿動物が最も原始的であるとした．襟鞭毛虫が集まって発生の過程に生じる嚢胚のような祖先動物（ガストレア）が形成されたと考えている．実際に海綿動物がもつ襟細胞は襟鞭毛虫類にとてもよく似ている．この説の場合は，海綿動物のような体に相称性のない動物から，刺胞動物や有櫛動物の放射相称の動物がまず生じ，それから左右相称の動物が生じるという順になる．もう1つは，ユーゴスラビアの動物学者ハッジが唱えた多核体繊毛虫仮説であり，繊毛虫類が多核化して生じた扁形動物の無腸類に似た動物が後生動物の起源と考えた．ハッジの説ではヘッケルの説とは逆に，左右相称の動物から放射相称の動物が生じるという順序となる．

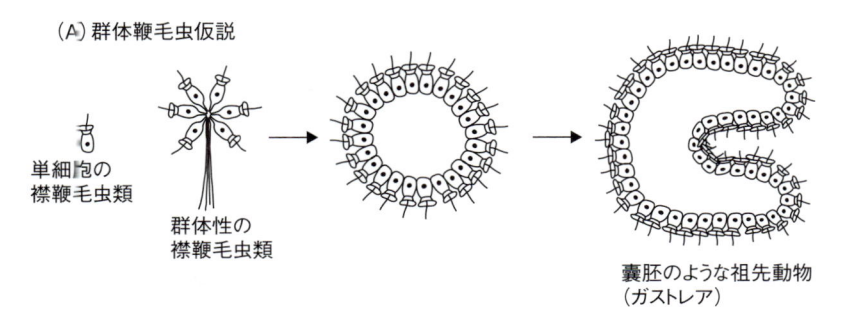

(A) 群体鞭毛虫仮説

単細胞の襟鞭毛虫類 → 群体性の襟鞭毛虫類 → 嚢胚のような祖先動物（ガストレア）

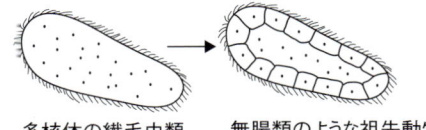

(B) 多核体繊毛虫仮説

多核体の繊毛虫類 → 無腸類のような祖先動物

図 5.4 ヘッケルの群体鞭毛虫仮説とハッジの多核体繊毛虫仮説
（古屋，2007 などを参考に作図）

■ 5章　動物の系統と進化

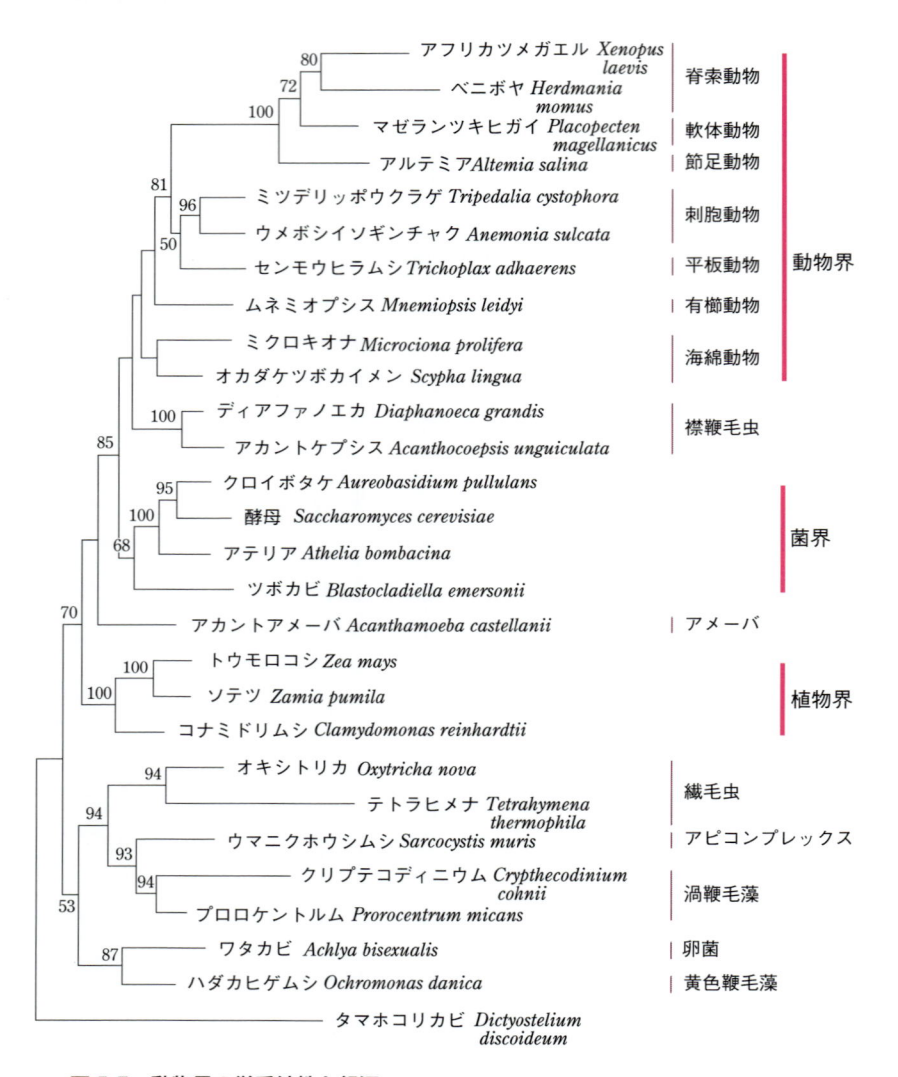

```
                    ┌── アフリカツメガエル Xenopus laevis      │ 脊索動物
              ┌─80─┤
          ┌─72─┤    └── ベニボヤ Herdmania momus
      ┌─100─┤
      │    │    ┌── マゼランツキヒガイ Placopecten magellanicus  │ 軟体動物
      │    └────┤
      │         └── アルテミア Altemia salina                │ 節足動物
   ┌─81─┤
   │    │    ┌─96─┬── ミツデリッポウクラゲ Tripedalia cystophora │ 刺胞動物
   │    │         └── ウメボシイソギンチャク Anemonia sulcata
   │    └─50─┤
   │         ├── センモウヒラムシ Trichoplax adhaerens      │ 平板動物
   │         └── ムネミオプシス Mnemiopsis leidyi           │ 有櫛動物
   │
   │    ┌── ミクロキオナ Microciona prolifera              │ 海綿動物
   ├────┤
   │    └── オカダケツボカイメン Scypha lingua
   │
   │    ┌─100─┬── ディアファノエカ Diaphanoeca grandis      │ 襟鞭毛虫
─85─┤         └── アカントケプシス Acanthocoepsis unguiculata
   │
   │         ┌─95─┬── クロイボタケ Aureobasidium pullulans
   │    ┌─100─┤    └── 酵母 Saccharomyces cerevisiae
   │    ├─68─┤
   │    │    └── アテリア Athelia bombacina                │ 菌界
   │    └── ツボカビ Blastocladiella emersonii
─70─┤
   │    ── アカントアメーバ Acanthamoeba castellanii       │ アメーバ
   │
   │    ┌─100─┬── トウモロコシ Zea mays
   ├─100─┤    └── ソテツ Zamia pumila                    │ 植物界
   │    └── コナミドリムシ Clamydomonas reinhardtii
   │
   │         ┌─94─┬── オキシトリカ Oxytricha nova         │ 繊毛虫
   │    ┌─94─┤    └── テトラヒメナ Tetrahymena thermophila
   │    ├─93─┤
   │    │    └── ウマニクホウシムシ Sarcocystis muris     │ アピコンプレックス
   ├─53─┤    ┌─94─┬── クリプテコディニウム Crypthecodinium cohnii │ 渦鞭毛藻
   │    └────┤    └── プロロケントルム Prorocentrum micans
   │    ┌─87─┬── ワタカビ Achlya bisexualis              │ 卵菌
   │    └────┴── ハダカヒゲムシ Ochromonas danica        │ 黄色鞭毛藻
   │
   └── タマホコリカビ Dictyostelium discoideum
```

図 5.5　動物界の単系統性と起源

ウェインライトらの 18S rDNA による生物全体の最尤法で求めた系統樹 (Wainright *et al*., 1993). 動物界は単系統で，襟鞭毛虫が姉妹群となっている．また，菌界との類縁性が示されている．枝の数字はブートストラップ確率で，値が 50 以上の場合のみ示されている．

5.3 動物のボディープランとその進化

　後生動物の中で，海綿動物は他の動物と比較してきわめて異質であることから側生動物と呼ばれ，他の後生動物（真正後生動物と呼ぶ）とは別の系統である可能性も考えられてきた．しかし近年の分子系統解析では，多くの研究が，動物界，すなわちすべての後生動物は単系統であることを示しており，動物界は単一の祖先に由来すると考えられる（図 5.5）．また，襟鞭毛虫類が動物界の姉妹群となっていることが示されており，動物界の起源についてはヘッケル説の方が有力であるとされている．

5.3.2　動物界の系統

　従来，動物の系統は主にボディープランを基にして推測されてきた．伝統的に長らく使われてきた動物の系統樹は途中で大きく 2 つの系統に分かれるもので，二分岐説などと呼ばれている（図 5.6）．二分岐説は以下の 2 点を重要視して組み立てられた．1 つは，ヘッケルが唱えた「個体発生は系統発生をくり返す」に基づく発生学的な知見によるもので，発生初期の形態ほど系統において残りやすく発生初期の特徴ほど祖先的な性質を反映している，すなわち発生初期に同じ特徴を共有する動物群は祖先を共有するという考えである．もう 1 つは，漸進的な進化を想定した総合説に基づいており，動物は単純から複雑へと徐々に進化するという考えである．これらを統合して，動物界の系統がつくり上げられていた．1980 年代まではこの二分岐説が認められてきて，1990 年代に入って分岐分類学的な研究が進んでも，大筋では二分岐説を支持する結果が得られ，多くの無脊椎動物学の教科書などで採用されていた．

　まずは，この伝統的な二分岐説をもとにして，ボディープランを考えるうえで重要な 5 つの形態の進化を追いながら，動物界全体の系統進化の流れを考えてみよう．

　①多細胞化．単細胞原生動物の襟鞭毛虫が集合して多細胞化し，海綿動物のような動物が生じた．単細胞動物が多細胞動物となることにより，大型化することが可能になった．また，多細胞となることで細胞が分化することができ，機能が異なる組織を形成できるようになった．たとえば，上皮組織はすべての動物に見られ，細胞同士の密着によって動物の体内と外界とを区別

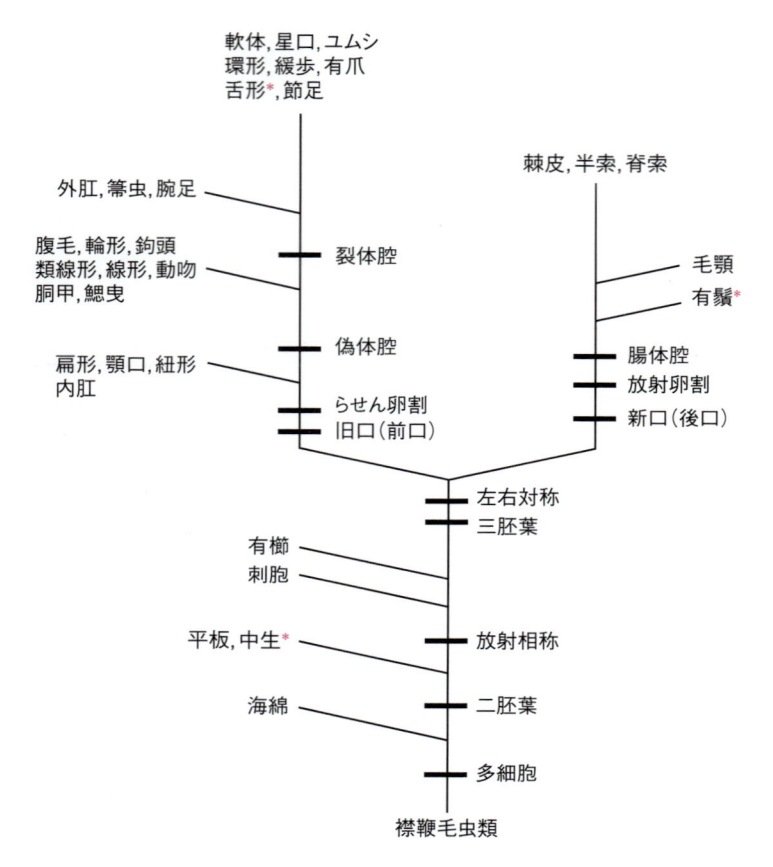

```
              軟体,星口,ユムシ
              環形,緩歩,有爪
              舌形*,節足
                                  棘皮,半索,脊索

  外肛,箒虫,腕足
                   ─ 裂体腔
  腹毛,輪形,鉤頭                      ─ 毛顎
  類線形,線形,動吻                     ─ 有鬚*
  胴甲,鰓曳
                   ─ 偽体腔       ─ 腸体腔
  扁形,顎口,紐形                      ─ 放射卵割
  内肛             ─ らせん卵割    ─ 新口(後口)
                   ─ 旧口(前口)

                        ─ 左右対称
                        ─ 三胚葉
           有櫛
           刺胞

    平板,中生*          ─ 放射相称

           海綿        ─ 二胚葉

                        ─ 多細胞
           襟鞭毛虫類
```

図 5.6 伝統的な二分岐説による動物界の系統樹
星印の動物門は本書では動物門としては扱っていないので注意.
（岩佐，1977 を参考に作図）

している．組織ができることによって，さらには組織が組み合わさってできる器官が作られることとなる．

　②胚葉性．口と消化管が生じ，内胚葉と外胚葉を区別する二胚葉性の動物となり，さらに中胚葉ができて三胚葉性の動物となった（図 5.7A）．体に組織ができるようになると，発生にパターンが見られるようになる．発生の過程では，上皮細胞の層に囲まれ体の内外の区別が付く状態である胞胚から，

5.3 動物のボディープランとその進化

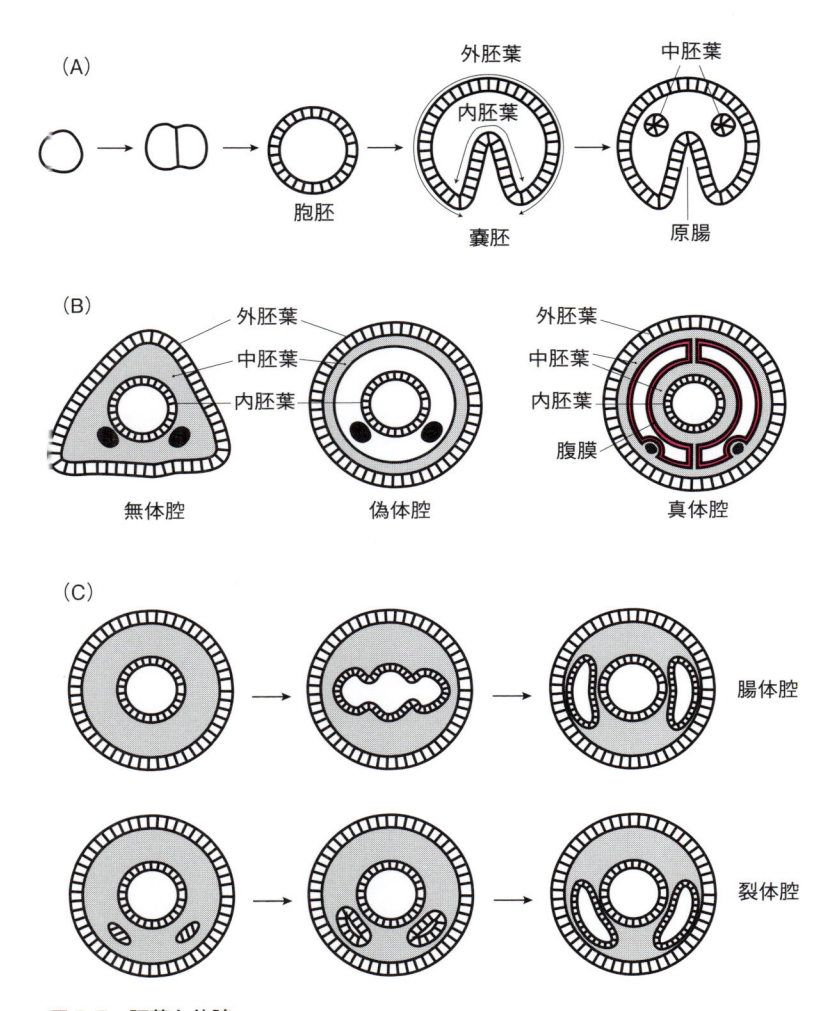

図 5.7　胚葉と体腔
A:3つの胚葉の形成．B:体腔の発達．真体腔は上皮細胞の腹膜に囲まれる．C: 真体腔の2つの発生様式．腸体腔は腸管の膨らみから，裂体腔は中胚葉組織のかたまりから体腔が生じる．（白山，2000；Brusca & Brusca, 2003を改変）

原腸陥入によって囊胚となるが，このとき，内胚葉と外胚葉が形成されることとなる（二胚葉性）．さらに，内外両胚葉のどちらかから中に細胞がこぼれ落ちて中胚葉ができるようになった（三胚葉性）．

③体の相称性．放射相称から左右相称へと体軸が大きく変わった．まずは無相称の体から，体軸に対して相称面がいくつもある放射相称の体となった．放射相称の体は水中に漂う生活や固着生活に向いており，移動には適さない．次に，体に前後軸ができる左右相称の動物が進化した．左右相称の体は移動に向いており，中胚葉性の筋肉の発達も生じることとなる．

④発生．陥入によって生じた原口がそのまま将来の口となる旧口動物（前口動物）と原口が口にならず，新たに口が開く新口動物（後口動物）とが生じた．旧口動物と新口動物とでは卵割の方法が異なり，旧口動物ではらせん卵割，新口動物では放射卵割を行う．また，次に述べる体腔の由来も異なり，旧口動物では裂体腔，新口動物では腸体腔となる．ほとんどの場合はらせん卵割からは3列の繊毛環をもつトロコフォア型の幼生となるのに対し，放射卵割からは3対の体腔をもつディプリュールラ型の幼生となる．このように発生初期からの形質が歴然と異なるため，これら2つの動物群をもって系統が大きく分かれると推測したのである．

⑤体腔．内胚葉と外胚葉の間隙に，中胚葉によって体腔と呼ばれる空間がつくられるようになった．体腔には，胞胚のときの胞胚腔がそのまま体腔として残っただけで，上皮細胞で囲まれていない偽体腔と，上皮細胞で囲まれている真体腔とがある（図 5.7B）．偽体腔では大きな体腔はつくれないが，真体腔であればしっかりした大きな体腔をつくることができる．真体腔は，そのでき方で2つに区別され，中胚葉性の細胞のかたまりの内部に空所ができる裂体腔と，腸からの膨らみがくびれて切れることによりできる腸体腔とがある（図 5.7C）．前者は多くの旧口動物に見られ，後者は新口動物に見られる．二分岐説では，これらの体腔が，無体腔から，偽体腔，真体腔へと複雑な体腔になる方向で進化すると考えた．

次に，その後発展した，多数の形態形質を用いた分岐分類学的な手法によって，動物の系統解析を行った例を見てみよう（図 5.8）．この系統樹では，

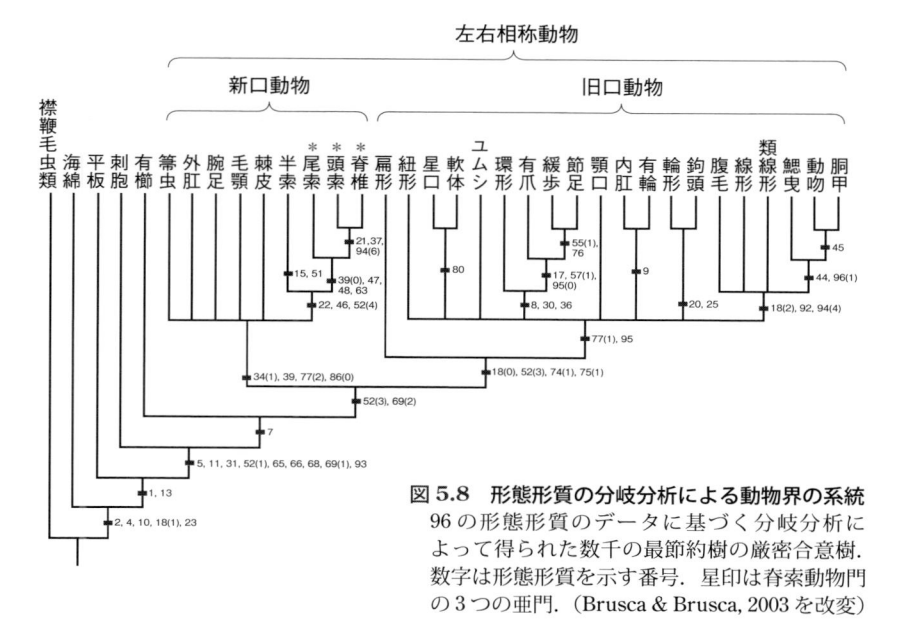

5.3 動物のボディープランとその進化■

図 5.8 形態形質の分岐分析による動物界の系統
96の形態形質のデータに基づく分岐分析によって得られた数千の最節約樹の厳密合意樹．数字は形態形質を示す番号．星印は脊索動物門の3つの亜門．(Brusca & Brusca, 2003を改変)

かつて中生動物とされていた直泳動物や菱形動物など情報が少ないために抜けている動物もあるものの，およそ動物門の単位で96の形態形質に基づいて，系統樹を作成している．この解析の結果では数千の最節約樹が得られており，その厳密合意樹としているため，分岐が解けず多分岐になっているところが多い．

この系統樹では，まず動物界は多細胞性などを獲得して，襟鞭毛虫類と分岐するところから始まっている．次に，海綿動物，平板動物，刺胞動物，有櫛動物の順に分岐している．海綿動物は襟細胞を有し，横紋のある繊毛細根をもたないことで分岐し，平板動物は上皮細胞間の接着部分にギャップ結合（細胞膜を貫通する管状のタンパク質で細胞どうしを結合する構造）がないことなど多くの特徴で他の動物群と分岐する．刺胞動物は他の動物群がもつアセチルコリン = コリンエステラーゼによる細胞間情報伝達系をもっていないことで分岐し，次に有櫛動物が左右相称動物と分岐している．

この系統樹では，左右相称動物が大きく旧口動物と新口動物とに分けられ

ており，基本的には，二分岐説を大きく逸脱しない系統となっているが，腕足動物，外肛動物，箒虫動物といった触手冠を有するとされる動物は，新口動物に含められている．旧口動物の共有子孫形質は，らせん卵割，4d 細胞（第 2 卵割によって生じる 4 個の細胞のうちの D 割球から 4 回の分裂で生じた小割球）からの中胚葉形成，腹部に集中した中枢神経系，原口が口となること，一方，新口動物の共有子孫形質は，原腸性の中胚葉，腸体腔，三体腔性，原口が肛門となる（または原口は閉じて，新たな口と肛門が形成される）ことである．刺胞動物などにも見られ祖先的形質である放射卵割は，新口動物に引き継がれている．旧口動物の中には，2 つのクレード（42 ページ参照）が認められる．1 つは節足動物，緩歩動物，有爪動物，環形動物を含むクレードで，体節制を基本とした動物群である．もう 1 つは，腹毛動物，線形動物，類線形動物，鰓曳動物，動吻動物，胴甲動物を含むクレードで咽頭に放射状の構造をもつことなどで認識される動物群である．

　1990 年代になり，分子系統解析が行われるようになると，旧口動物と新口動物とに分ける二分岐説は大きく見直されることとなった．動物門など動物界の高次分類群の間の系統を解析するには，大サブユニット rRNA（28S rRNA など），小サブユニット rRNA（18S rRNA）の配列（またはその鋳型 DNA である，28S rDNA，18S rDNA の配列）がよく使われる．これらは他の遺伝子と比較して，進化速度が遅めであり，系統樹の根に近い深い分岐（すなわち年代的に古い分岐）を推定する上で有効である．実際の動物門レベルの系統解析の研究では，18S rDNA（小サブユニット rDNA）が最もよく用いられており，すでに数千種の動物から配列データが得られている．伝統的な二分岐説では左右相称動物が体腔の複雑さが増すように進化していったとされたが，18S rDNA による分子系統解析の結果からは，左右相称動物の進化は，体腔の発達とは関係なく，新口動物，冠輪動物，脱皮動物の 3 つの大きな系統群からなるという考えに大きく転換した（図 5.9）．

　ハラニッチら（Halanych *et al*., 1995）によって名づけられた冠輪動物は，移動や摂食に繊毛を使うという共有子孫形質をもつ動物群とされるが，真体腔の軟体動物，環形動物と，偽体腔の輪形動物，さらには触手冠をもつ腕足

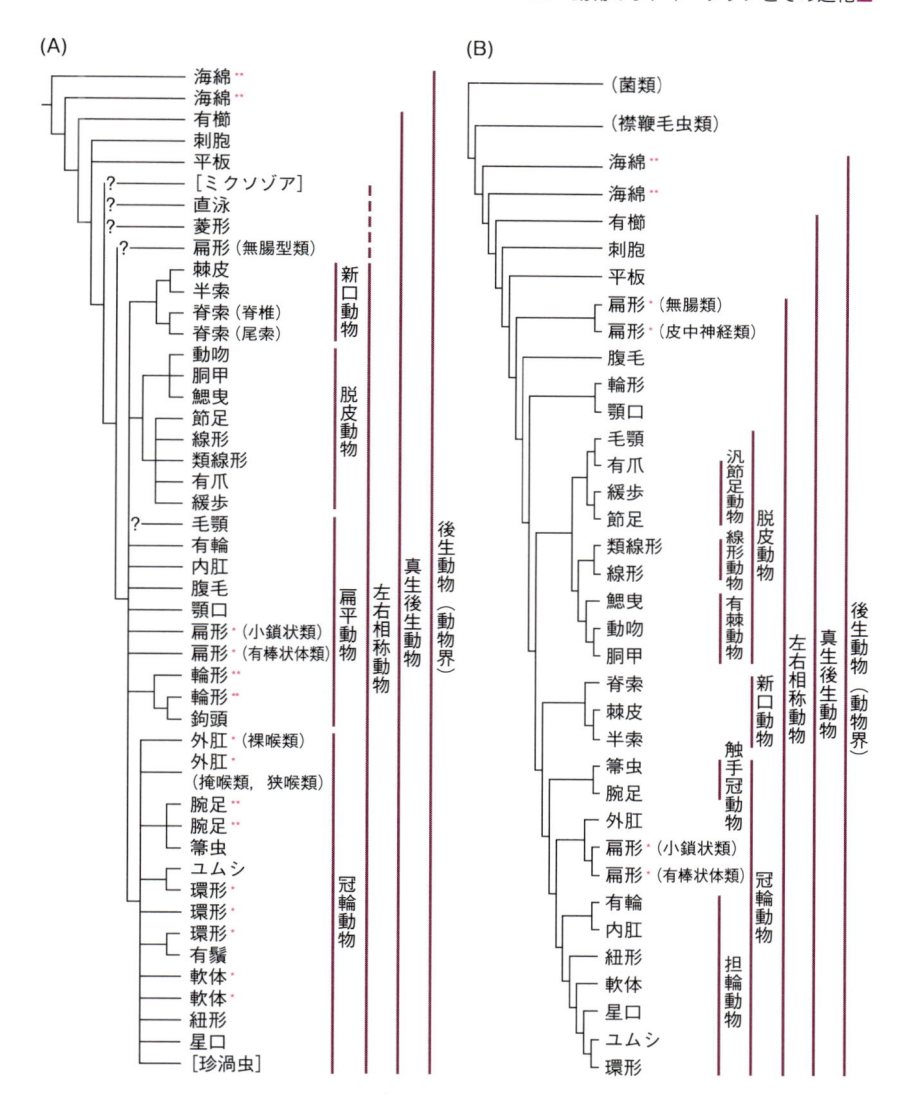

5.3 動物のボディープランとその進化

図 5.9　18S rDNA による動物界の系統
A：Collins & Valentine（2001）の系統樹．B：Eernisse & Peterson（2004）の系統樹．動物門レベルの系統樹であるが，[ ]は本書では動物門として扱っていない．* は多系群，** は側系統群となっている動物門を示す．（A は Valentine, 2004 を，B は Eernisse & Peterson, 2004 を改変）

動物も含まれる．もう1つはアグイナルドら（Aguinaldo *et al*., 1997）によって名付けられた脱皮動物で，脱皮をするという共有子孫形質をもつ動物群として，真体腔の節足動物，緩歩動物，線形動物，有爪動物と，偽体腔の類線形動物，鰓曳動物，動吻動物とが混在した動物群となっている．脱皮動物や冠輪動物の系統は，*Hox* 遺伝子など他の遺伝子の解析結果からも支持されることが判明した．また，新口動物は，棘皮動物，半索動物，脊索動物のみからなる動物群であることも明らかとなった．現在では動物界の系統は冠輪動物，脱皮動物，新口動物の3つの系統群で考えるのが主流となってきている．6章では，このような分子系統解析による成果を踏まえた系統の考えに沿って，各動物門の形態を解説する．

5.4 動物の種数

地球上にはいったい何種の動物が生息しているのだろうか．リンネの『自然の体系』第10版（1758年）には4236種の動物が記載されているが，この時代はこの数がほぼ実際の地球上に生息する動物の種数であると思われていた．しかしながら，その後の2世紀の間に数多くの新しい動物が記載され，実際にははるかに多い動物種が生息していることがわかってきた．

多数の研究者が，それぞれ異なる地域に分布する異なるタクサを対象に分類学的な研究を行っているため，世界中のすべての動物の分類に関する情報をまとめるのは難しく，また毎年新しい種が記載されていくため正確な数字をあげることはできないが，動物の既知種，すなわち分類学的に記載が行われている種は130万種を超えている．しかし実際にはまだ記載されていない種も多数存在しており，現に毎年1万種を超える新種が報告されている．

大まかではあるものの，これまでいくつかの方法で，未記載種も含めて現在地球上に存在している実際の種数が推定されてきた．1980年代までは，実際の種数は記載されている種の数の2～3倍で，200～300万種と考えられることが多かったが，近年では，もっと多くの種が存在すると考えられるようになってきた．たとえば，動物の体の大きさごとの種数に着目してみると，研究が進んですでに記載されている種の割合が高いと考えられる大型

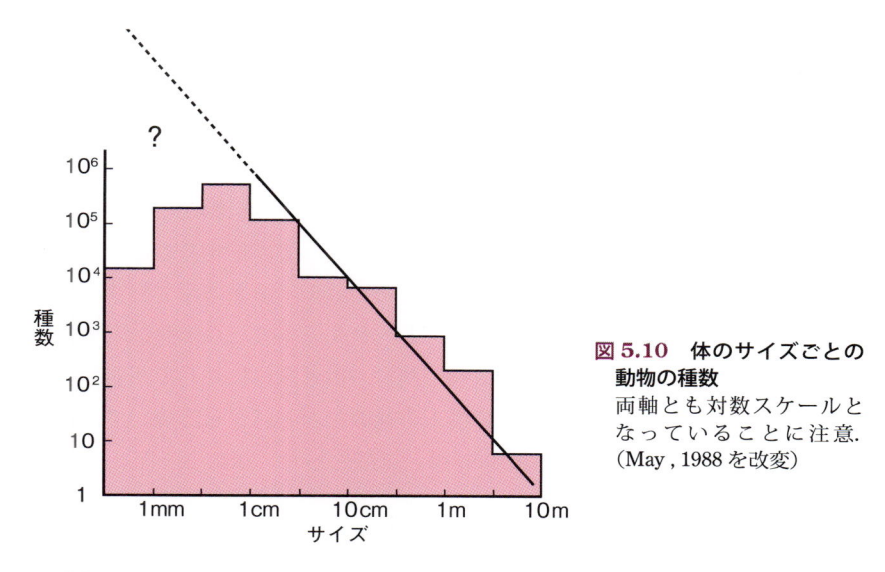

図 5.10 体のサイズごとの動物の種数
両軸とも対数スケールとなっていることに注意.
(May, 1988 を改変)

の動物においては，種数 S は体長 L に対してほぼ L^{-x} という関係にあり，このときの係数 x はおよそ 1.5～3.0 の間にある（図 5.10）．この関係を未記載種が多い小さな動物にまで外挿して未記載種も含めた種数を推定することができる．このような方法で 0.2 mm サイズまでで計算すると全生物種の数は 1000 万種，さらに小さく約 0.1 mm まで含めて計算すると 2000 万種と推定される．

節足動物は約 110 万種もの既知種が知られており，全動物の既知種の 8 割以上を占めている．さらに，節足動物の既知種の大半は，昆虫類が占めている．したがって，地球上に最も多くの種が生息していると考えられる節足動物や昆虫類の実際の種数がわかれば，地球上の動物全体の実際の種数にかなり近い値を得ることができると考えられるため，これまでの実際の種数の推定の多くは，節足動物や昆虫を対象として行われてきた．未記載種を含めた実際の種数は，分類学的研究が十分されていて，既知種の数が実際の数にかなり近いと考えられるデータを使って推定することができる．たとえば，地球上でよく動物相が研究されている地域であるイギリスでは，蝶類と昆虫類全体の既知種の種数の比が 67：22000 となっている．蝶類は比較的研究がよ

く行われているタクソンであり，世界全体の蝶類の種数は15000〜20000種である．イギリスでの種数の比が世界全体でも同じだと仮定すれば，世界全体の昆虫類は490〜660万種と推測される．

別のよく知られた研究例では，熱帯雨林において樹冠に殺虫剤を煙霧して実際に採集することにより，ある種の樹木に生息する甲虫類をしらみつぶしに調べ，その種数をもとにいくつかのデータを使って外挿することにより地球上の昆虫類の種数を見積もっている．実際には，甲虫類の中で特定の樹木のみに生息する宿主特異的な種の割合，1ヘクタール当たりの熱帯雨林の樹木の種数，全節足動物に占める甲虫類の割合，樹木全体に対して樹冠部に生息している種の割合，熱帯雨林の全樹木の種数などの値から計算して，熱帯雨林全体に生息する昆虫類を3000万種と見積もった．後になって，この値は過大評価と考えられ，データを見直して再計算が行われ，実際には昆虫類

表5.3 各動物門の既知種数と推定種数

動物門	既知種数	推定種数
有櫛動物門	80	130〜500
直泳動物門＋菱形動物門	85	500＋
顎口動物門	80	1000
輪形動物門	1800	2500〜3000
腹毛動物門	450	1000＋
箒虫動物門	13	20
腕足動物門	330	400〜500
紐形動物門	800	3000＋
星口動物門	320	330
ユムシ動物門	130	140
環形動物門・多毛綱	120	500
線形動物門	12200	100万〜1000万
動吻動物門	125	500
鰓曳動物門	10	15〜25
緩歩動物門	550	1000＋
節足動物門・六脚亜門	750000	100万〜1000万
節足動物門・甲殻亜門	75000	9万
毛顎動物門	70	100
半索動物門	100	150＋

（Meglitsch & Schram, 1991を改変）

5.4 動物の種数

は500〜1000万種であろうと見積もられた．

既知種は節足動物が最多であるが，実際の種数は節足動物を超える動物門があるかもしれない．あまり研究が進んでいない線形動物では，かなり多くの未記載種がいると考えられている．海に生息する自由生活の線虫類では，研究がされていない場所から標本を持ち帰ると，それに含まれる種のわずか0.5％しか既知種ではないというデータもある．線形動物の既知種は15000種ほどであるが，未記載種はそれよりもはるかに多いと考えられており，少なくとも50〜100万種，さらに極端な推定値では1億種を超えるという意見まである．

他の動物門においても同様の推定が行われている．不確かな推定も多く，また推定方法によって値も大きく異なっている．節足動物や線形動物が種数の大半を占めているため，それらの値に大きく左右されるが，動物群ごとの推定値を合わせて動物全体の種数を考えると，1000〜3000万種はいると考えられる（表5.3）．推定値にかなりの幅があるものの，少なくともまだまだ多くの未記載種がおり，地球上の動物の多様性を理解するためには，分類学的研究を進める必要性があることは間違いない．

6章　動物の多様性と系統

　現在地球上には，知られているだけで130万を超える種の動物が生息しており，それらはボディープランをもとにして30余りの動物門に分類されている．本章では，多様なボディープランを理解し，それぞれの動物がもつ多様な形態，生態などの特徴を知ることにより，進化によって実際に生じた地球上の動物の多様な姿を見ていきたい．また，これらの多様な動物が，どのような系統をたどって進化してきたのかを理解する．

　近年では分子系統解析によって，動物の系統が次々と明らかにされ，より真実に近い系統分類の体系がわかってきた．本書では，基本的には18S rDNAなどによる分子系統解析から得られている系統の大枠に基づき，表6.1で示したような分類体系にそって動物門の単位で解説する．動物門ごとのボディープランや形態，生態の特徴を，他の近縁な動物門と比較しながら読み進め，地球上に生息する動物の系統分類と進化の全体像を理解してほしい．

　最近では，DNAの塩基配列を解読する技術が向上し，読まれる配列の長さが格段と長くなってきた．また，解読される部位も，核のさまざまな領域やミトコンドリアDNAへと大きく広がり，さらには塩基配列以外の分子情報も得られるようになってきた．これらのデータを使って上位から下位のさまざまな分類階級で分子系統解析が行われるようになり，解析されたタクサの数も続々と増え，次々と動物の系統に関する研究結果が発表されている．しかし，分子系統解析も万能ではない．情報が増えることにより系統推定の精度が上がってきているものの，未だ互いに矛盾する結果も多く，毎年のように異なる系統樹が発表されている．また現状では，系統が判明しても命名などの分類体系の整理が追いついていない状態のままのタクサも多く見られる．このように流動的な状況であるため，本書で採用している系統分類体系は未確定の部分も多く含んでおり，今後，修正される可能性があることを念頭においてほしい．

表 6.1　本書で採用した動物界の分類体系

（前左右相称動物）			1	海綿動物門
			2	刺胞動物門
			3	有櫛動物門
			4	平板動物門
左右相称動物	?		5	直泳動物門
	?		6	菱形動物門
	冠輪動物	扁平動物	7	扁形動物門
			8	顎口動物門
			9	輪形動物門
			10	鉤頭動物門
			11	微顎動物門
			12	腹毛動物門
		?	13	外肛動物門
		触手冠動物	14	箒虫動物門
			15	腕足動物門
		担輪動物	16	紐形動物門
			17	軟体動物門
			18	星口動物門
			19	ユムシ動物門
			20	環形動物門
			21	内肛動物門
			22	有輪動物門
	脱皮動物	線形動物	23	線形動物門
			24	類線形動物門
		有棘動物	25	動吻動物門
			26	胴甲動物門
			27	鰓曳動物門
		汎節足動物	28	緩歩動物門
			29	有爪動物門
			30	節足動物門
	?		31	毛顎動物門
	新口動物		32	棘皮動物門
			33	半索動物門
			34	脊索動物門

34 の動物門を取り上げた．類書で門として扱われることもあるが，本書では門としていない動物門として，中生動物，有鬚動物，舌形動物がある．中生動物門は直泳動物門と菱形動物門の2つに分けられており，有鬚動物門は環形動物門の中に，舌形動物門は節足動物門の中に入れられている．

■ 6章　動物の多様性と系統

6.1　前左右相称動物（ぜんさゆうそうしょう）

　動物界の中では，左右相称性を獲得していない海綿動物門，刺胞動物門，有櫛動物門，平板動物門がまず最初に分岐したと考えられている．ここでは，後生動物の中で先に分岐した，左右相称動物以外のこれらの動物門を便宜的に「前」左右相称動物と呼ぶこととするが，そのような系統群があるという意味ではない．

　海綿動物門は，相称性がなく胚葉もない最も単純なボディープランをもつため，最も祖先的で最初に分岐した後生動物と考えられる場合が多い．刺胞動物門，有櫛動物門，平板動物門は基本的には二胚葉性である．刺胞動物門や有櫛動物門は放射相称の体をもつのに対し，平板動物門は相称性がなくボディープランも単純であるが，これらの動物門が分岐した順序は，分子系統解析によってもまだ複数の見解があり定まっていない（図 6.1）．

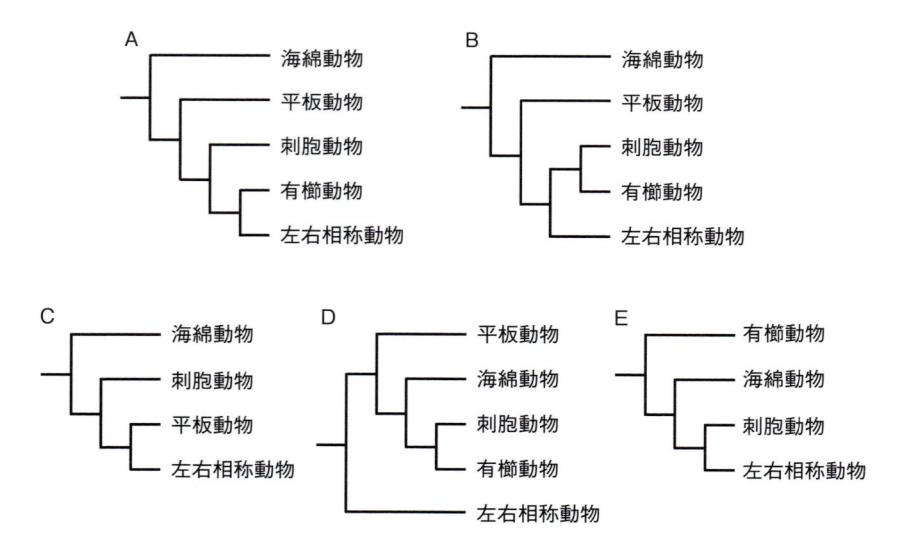

図 6.1　前左右相称動物の 4 動物門の系統
　C の系統樹には有櫛動物門が，E には平板動物門が含まれていない．（A は Nielsen, 2008．B は Srivastava *et al.*, 2008．C は Ruiz-Trillo *et al.*, 2008．D は Schierwater *et al.*, 2009．E は Dunn *et al.*, 2008 より）

① 海綿動物門　Phylum Porifera（約 7000 種）

　海綿動物は，発生の過程で胚葉が形成されず，体に相称性もない多細胞動物である．全能性（すべての組織や器官を分化して完全な個体をつくる能力）を有する細胞をもっている．細胞間の結合がゆるく，個体性もあまりはっきりとはしていない．海または淡水に生息する固着性の動物である．

　体の外形は種によって変化に富み，同一種でも生息環境などによって外形が変化することも多い．海水を体内に循環させて呼吸や摂食の役割を果たす水溝系をもつ．体は胃腔と呼ばれる空所を体壁が取り囲んでできており，扁平細胞層が上皮をつくり，それらの層の間には細胞がないゲル様の中膠が埋まっている．ほとんどの種がもつロイコン型と呼ばれる最も発達した水溝系では，襟細胞が取り囲む球状の襟細胞室が多数あり，胃腔に開いている．襟細胞は 1 本の鞭毛とそれを取り囲む微絨毛（多数の細胞質の突起）とをもつ細胞で，食物の取り込みを行っている．襟細胞の鞭毛の動きで水流をつくり，水は体表の小孔から入り胃腔を通って大孔から体外へと出る．中膠には，アメーバ状でさまざまなタイプの細胞に分化する能力がある全能性の原始細胞，海綿繊維をつくる海綿繊維細胞，骨片をつくる骨片細胞などさまざまな種類の細胞が散在している．生殖時期には，襟細胞から卵や精子が形成される．体内には骨片または海綿繊維があり体を支えている．

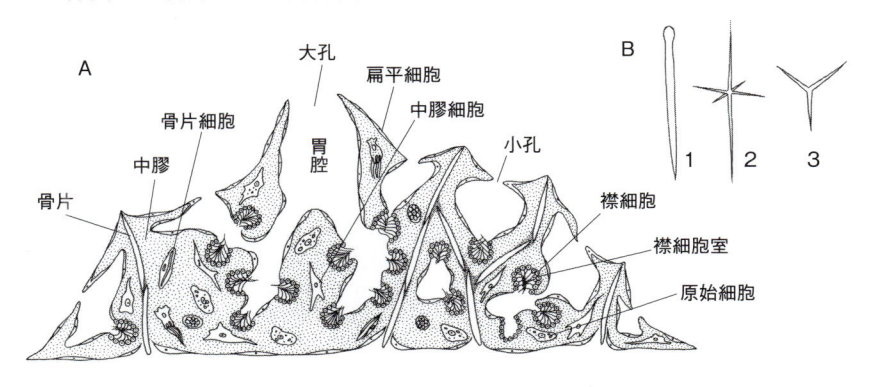

図 6.2　海綿動物門
　A：普通海綿の体制の模式図，B：骨片．1：針状体（普通海綿綱），2：六放体（六放海綿綱），3：三放体（石灰海綿綱）．（渡辺，2000 を改変：川島作図）

■ 6章　動物の多様性と系統

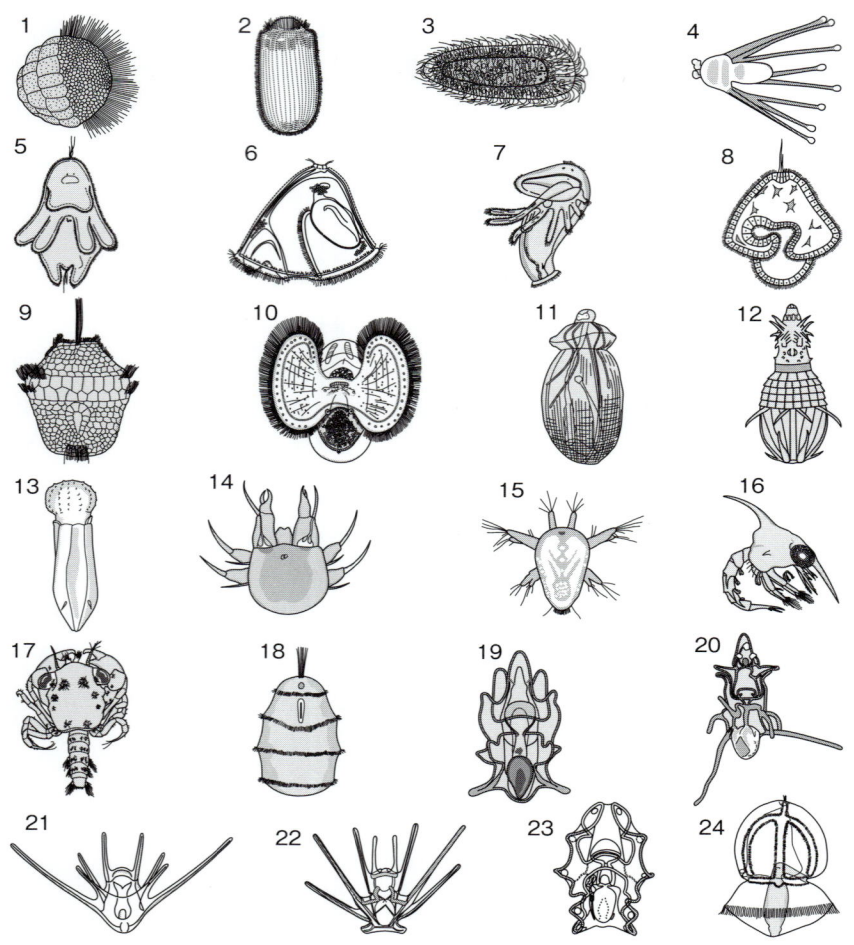

図 6.3　主な幼生の形態

海綿動物門　1：アンフィブラスツラ，2：パレンキメラ．刺胞動物門　3：プラヌラ，4：アクチヌラ．扁形動物門　5：ミュラー．外肛動物門　6：サイフォノーテス．箒虫動物門　7：アクチノトロカ．紐形動物門　8：ピリディウム．軟体動物門　9：トロコフォア，10：ベリジャー．星口動物門　11：ペラゴスフェラ．胴甲動物門　12：ヒギンズ．鰓曳動物門　13：ロリケイト．節足動物門　14：プロトニンフォン，15：ノープリウス，16：ゾエア，17：メガロパ．棘皮動物門　18：ドリオラリア，19：ビピンナリア，20：ブラキオラリア，21：オフィオプルテウス，22：エキノプルテウス，23：オーリクラリア．半索動物門　24：トルナリア．（Brusca & Brusca, 2003, Young, 2002, Nielsen, 2001 などを参考にして作図）

有性生殖と出芽（体壁の一部に突起を生じ，これが成長することにより，もとの個体と同様な形態となる繁殖の方法）による無性生殖との両方が知られている．雌雄同体と雌雄異体が知られており，幼生になるまで親の体内で発生する保育種が多い．石灰海綿類ではアンフィブラスツラ幼生（図6.3の1）など，六放海綿類ではトリキメラ幼生，普通海綿類ではパレンキメラ幼生（図6.3の2）などの幼生を経て成長する．

骨格の成分などに基づき石灰海綿綱，普通海綿綱，六放海綿綱の3綱に分類されている．石灰海綿綱の骨格は石灰質（炭酸カルシウム）を主成分とする骨片でできている．普通海綿綱の骨格は，珪質（ガラスのように二酸化珪素を多く含む）の骨片，またはスポンジンと呼ばれる硬いタンパク質の海綿繊維でつくられる．海綿の種の90％は普通海綿で，入浴に使われたモクヨクカイメンや磯でよく見られるイソカイメン類もこの仲間である．普通海綿綱の一部の硬骨海綿類は，ほとんどが化石種で，わずかな現生種が海底洞窟などに生息し，石灰質の土台をつくる海綿である．六放海綿綱はガラス海綿ともよばれる．珪質でできている骨片は6放射の形のため，六放海綿という名がつけられた．体の大部分の細胞は多核体（シンシチウムともいう．細胞が融合してできた複数の核をもつ細胞）からなる．網状の体の中に雌雄1対のドウケツエビが生息するカイロウドウケツなどがあり，深海底に生息している．

分子系統解析では，海綿動物門が単系統群であるという結果と，側系統群であるという結果とが得られている．側系統群であることを示す結果では，石灰質骨片の石灰海綿綱が最も後に分岐し，真正後生動物と姉妹群をなしているという考えが有力である．また，普通海綿綱に属するとされてきた同骨海綿（ノリカイメン）類は他の普通海綿類とは異質であり，石灰海綿綱の姉妹群である可能性が高い．

② 刺胞動物門　Phylum Cnidaria（約7620種）

放射相称の体をもつ．二胚葉性で体腔はなく，体内の唯一の腔所である胃腔の開口は1つで口と肛門の役割を兼ねる．漂泳性のクラゲ型と付着性のポリプ型という生活様式が異なる2つの型をもつ．ヒドロ虫類の一部は淡水に

■6章　動物の多様性と系統

生息するが，ほかはすべて海に生息する．刺胞という独自の微小な毒液注入構造をもっている．

　クラゲ型では体の下部に，ポリプ型では上部に口が開き，これらは上下を逆にした形となっている．ともに口の周囲には触手が並ぶ．ポリプの基部は，板状の足盤や管状の走根に分化して岩などに付着したり，球根状になったり先端がとがって砂泥中に刺すことにより固着する．外胚葉性の表皮と内胚葉性の胃腔上皮との間は無細胞の中膠または部分的に細胞がある間充織（遊離した細胞を含む細胞間質）で満たされる．触手には刺胞があり，物理的または化学的な刺激があると，刺胞嚢を反転して中空で毒を含む刺糸を発射する．刺胞は防御や餌をとるために使われる．カツオノエボシ，ハブクラゲなどはとくに毒が強い．胃腔上皮は放射状に張り出して胃腔を縦に仕切る隔膜を形成している．上皮筋細胞という動物界の中では最も単純な筋細胞をもつ．中枢神経はなく，原神経細胞という極性がない神経細胞が単純な神経網を作っている．単体と群体（分裂や出芽によって生じた複数のクローン個体が，互いに体の一部分となったり連結されて集合体となったもの）がある．群体では，キチン質や石灰質の硬い骨格を形成したり，有機質の内骨格や石灰質骨片を形成する．個虫（群体を形成するそれぞれの個体）が多型を示す群体も

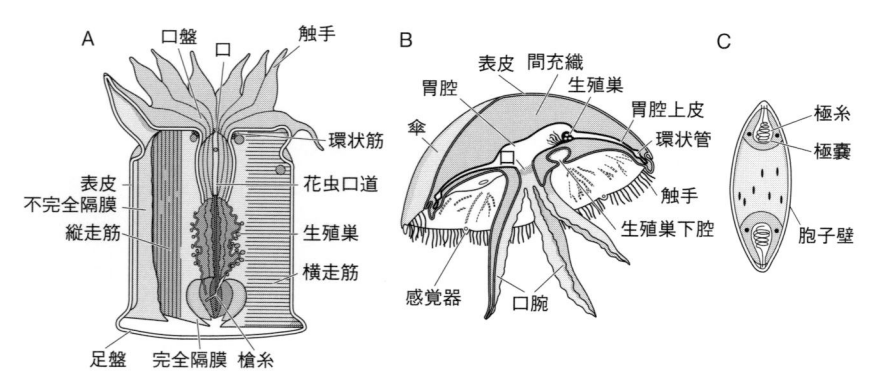

図6.4　刺胞動物門
体制の模式図．A：花虫綱（ポリプ型），B：鉢虫綱（クラゲ型），C：ミクソゾア動物の胞子．（A-BはBrusca & Brusca, 2003を改変．CはRussell-Hunter, 1979を改変）

ある.

　雌雄異体で体外受精を行う．多くは中実のプラヌラ幼生（図6.3の3）となり，その後直接，またはアクチヌラ幼生（図6.3の4）を経てポリプまたはクラゲへと成長する．ポリプが無性生殖でクラゲを遊離し，クラゲが有性生殖をするという世代交代が行われる場合が多い．

　胃腔内の隔膜の数などによってヒドロ虫綱，箱虫綱，鉢虫綱，花虫綱の4綱に分類されている．ヒドロ虫綱はポリプ型のヒドロ虫類とクラゲ型のヒドロクラゲ類とからなる．前者には，岩や他の動植物に付着しているヒドラや，単体のヒドロ虫類では世界最大で高さ1.5 mにもなるオトヒメノハナガサが，後者にはいずれも群体のカツオノエボシやヨウラククラゲなどが含まれる．箱虫綱は立方体形の傘をもつ単体のクラゲ型で，アンドンクラゲやハブクラゲなど刺胞毒が強いものも多い．鉢虫綱は半球形の傘をもつ単体のクラゲ型でポリプ世代が短縮している．ミズクラゲやエチゼンクラゲなどが含まれる．花虫綱はポリプ型のみでクラゲ型にはならない．花虫綱は触手が8本でほとんどが群体をつくる八放サンゴ亜綱と触手が6，10，12本かそれ以上の六放サンゴ亜綱とを含む．前者はソフトコーラルと呼ばれるウミエラ類やヤギ類で，ヤギ類にはアカサンゴなどの宝石サンゴも含まれる．後者には，単体のイソギンチャク類やミドリイシなどのサンゴ礁を形成する群体のイシサンゴ類が含まれる．

　刺胞動物門と後述する有櫛動物門はともに放射相称の体で胃腔（＝腔腸）をもつので，以前は両者を合わせて腔腸動物門としてまとめられていた．しかし有櫛動物は，刺胞がない，上皮細胞が多繊毛性である，決定性卵割（胚発生において割球の発生運命が定まっている卵割）を行うなど刺胞動物と大きく異なる特徴があり，分子系統解析でも腔腸動物は単系統とならないため，現在では異なる動物門とされている．

　小型の寄生性動物であるミクソゾア動物は，魚類と無脊椎動物（環形動物，扁形動物，外肛動物など）とに宿主を替えながら，栄養生殖，胞子形成，胞子の3つの段階からなる生活環をもっている．従来は原生動物の一群として扱われてきたが，極糸が入った極囊が刺胞動物の刺胞と似ていることから，刺胞

動物との近縁性も示唆されてきた．ミクソゾア動物に見つかった *Hox* 型のホメオティック遺伝子や細胞間接着構造は多細胞動物だけがもつ特徴であることから，ミクソゾア動物は後生動物であることが判明し，寄生性という生活史になることにより形態的な特徴が退化したと考えられるようになっている．分子系統解析では刺胞動物の一部であるという結果が得られている一方，刺胞動物ではなく，より左右相称動物に近い動物群という結果も得られており，ミクソゾア動物の系統を明らかにするにはさらなる研究が必要である．

③ 有櫛動物門　Phylum Ctenophora（約 143 種）

刺胞動物のような二型はなく，すべてクラゲ型で，二放射相称（2つの相称面がある放射相称）の透明で脆弱な体をもつ．体腔はなく，体内の腔所は胃水管腔のみである．櫛板と呼ばれる繊毛の束が 8 列に並び，波打たせて泳ぐ．ほとんどが漂泳性で海にのみ生息し，発光性の種も多い．

外胚葉性の表皮と内胚葉性の胃腔上皮との間は間充織で満たされる．二胚葉性とされてきたが，間充織は細胞性なので，これを中胚葉と見なして三胚葉性とすることも多く（その場合は，ヒドロ虫綱を除く刺胞動物も三胚葉性とされる），筋繊維が間充織の中に網目状に広がっている．胃腔からは水管（消化や吸収などの機能をもつ管）が出て分岐し，胃腔の末端には 2 個の小さな

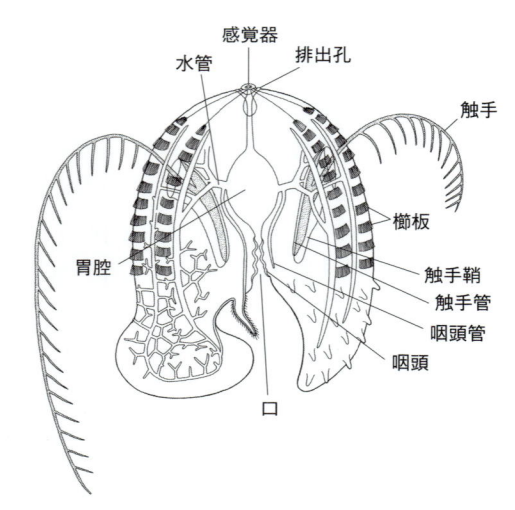

図 6.5　有櫛動物門
側面から見た体制の模式図．（久保田, 2000 より：川島作図）

排出孔がある．中枢神経はなく単純な神経網のみである．体の中心付近にある1対の触手鞘（しょくしゅしょう）に触手が入っており，触手は体外に出して長く伸ばすことができる．触手には膠胞（こうほう）という独自の粘着性の細胞が多数あり，膠胞はバネ仕掛けで体外へ飛び出す．櫛板は頂端にある感覚器によって調整されている．

　雌雄同体であるが体外受精で，二放射相称的な特殊な卵割を行う．フウセンクラゲ型幼生を経て成体となる．

　ウリクラゲ目，フウセンクラゲ目，カブトクラゲ目，オビクラゲ目，ミナミカブトクラゲ目，ウミガククシクラゲ目，クシヒラムシ目の7目に分類されている．触手をもたないウリクラゲ目は無触手綱，触手をもつそれ以外の目は有触手綱として分類されているが，分子系統解析からは，これら2綱の分類は支持されていない．ほとんどの種が漂泳性だが，クシヒラムシ目には，上下に扁平な体をもち，底生生活をおくるコトクラゲなどが含まれる．

④　**平板動物門**　Phylum Placozoa（1種）

1 mmほどの薄い板状の体の多細胞動物．体はいたって単純で，単層上皮

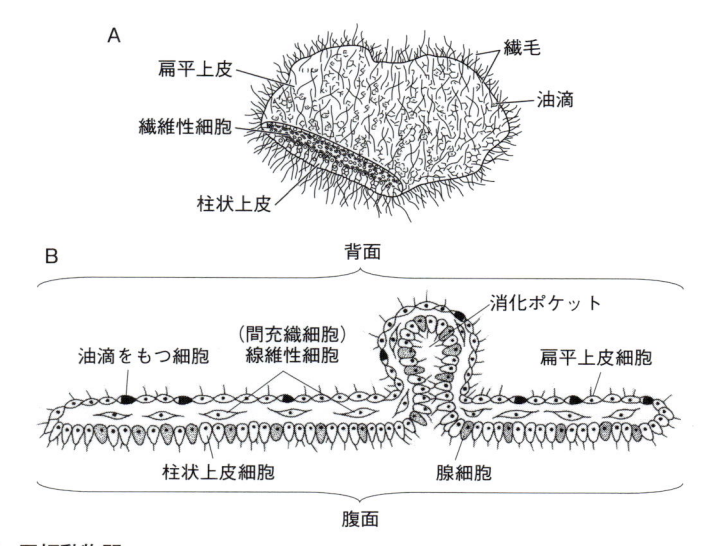

図 6.6　平板動物門
センモウヒラムシ *Trichoplax adhaerans*．A：外観と断面の模式図，B：細胞の配置の模式図．
（AはMargulis & Schwartz, 1998を改変．Bは上原・白山, 2000より：川島作図）

細胞に囲まれている．体に背腹の区別があるが，左右の区別はない．背面の細胞は扁平で1本の繊毛を有し，油滴を含む細胞がある．腹面は繊毛をもつ柱状の細胞と繊毛をもたない腺細胞とからなる．腺細胞は酵素を分泌し，有機物を消化すると考えられている．背腹の上皮細胞の間は体液で満たされており，筋原繊維をもった間充織細胞が散在する．

海に生息し，これまでサンゴ礁の海域で岩などの上を這っているのが見つかっている．分裂や出芽などの無性生殖のほかに有性生殖によると考えられる卵割期の胚も観察されている．

1883年に地中海で発見された当初は，中生動物門（125ページ参照）とされた．その後，ミズクラゲ類のプラヌラ幼生と見なされ，そのまま忘れ去られていたが，1960年代に再発見され培養個体によって詳細な研究が行われ1971年に平板動物門とされた．センモウヒラムシ1種とされているが，様々な地域から見つかっており，複数種である可能性も高い．

6.2 左右相称動物

左右相称動物 Bilateria は完全な三胚葉性で，体が左右相称となった動物群である．前述の通り，これまでは左右相称動物は旧口動物（または前口動物・先口動物）と新口動物（または後口動物）との大きな2つの系統に分類されていたが，分子系統解析によってそのような体系は見直され，大きな系統群としては，冠輪動物，脱皮動物，新口動物の3つが認められている．

これまで1つの動物門としてまとめられてきた扁形動物門は多系統群であり，その中の無腸型類が左右相称動物の中で最も祖先的な系統であると考えられるようになりつつある．また，原生動物から後生動物へと進化する途中の中間的な存在と見なされてきた中生動物門は，後生動物から寄生生活に特化することにより単純なボディープランへと「退化」した動物であると考えられるようになり，現在では直泳動物門と菱形動物門に分けられている．

冠輪動物 Lophotrochozoa はもともと2つの系統が組み合わされたもので，触手冠という構造をもつ触手冠動物（箒虫動物門，腕足動物門を含む）と，トロコフォア型の幼生をもつ担輪動物（紐形動物門，軟体動物門，星口動

門，ユムシ動物門，環形動物門，内肛動物門を含む）からなる．これまで外肛動物門は触手冠動物とされてきたが，等虫動物門や腕足動物門とは異なる系統にあることが明らかとなり，現在，外肛動物門の系統位置は定まっていない．また，最近になって発見された有輪動物門の系統位置も明らかではないが，内肛動物門と姉妹群をなす結果も得られており，ここでは担輪動物に加えている．

顎口動物門，輪形動物門，鉤頭動物門は，系統上の位置があまり安定していないが，扁形動物門の一部の近縁に位置づけられることが多い．本書では，これらの4つの動物門と，これらと近縁であると考えられている腹毛動物門，最近新しく発見された微顎動物門を含めて，扁平動物と呼ぶグループとして扱う．触手冠動物と担輪動物に加えて，この扁平動物を含め，これら3つのグループを広義の冠輪動物と呼ぶこともあり，本書ではそのような体系で説明をする．

節足動物などが属する脱皮動物 Ecdysozoa は，体を覆うクチクラの脱皮を行うという共通した特徴から名づけられた．脱皮動物内部の系統ははっきりしていないが，分子と形態から総合的に考えて，線形動物（線形動物門，類線形動物門を含む），有棘動物（動吻動物門，胴甲動物門，鰓曳動物門を含む），汎節足動物(はんせっそく)（緩歩動物門，有爪動物門，節足動物門を含む）の3つのグループに分けられることが多い．毛顎動物門の分類位置は不明なままであるが，脱皮動物との近縁性を示唆する結果もある．

新口動物 Deuterostomia には，棘皮動物門，半索動物門，脊索動物門の3つの動物門が属する．従来は，これら以外に毛顎動物門などが新口動物とされたり，外肛動物門を含めた触手冠動物が新口動物とされたりしたが，これらは異なる系統に属することが明らかとなった．棘皮動物門，半索動物門，脊索動物門は分子系統解析で単系統をなし，これら3動物門のみが新口動物とされている．また，軟体動物門の一部とされていた珍渦虫(ちんうずむし)は近年の研究で新口動物に属することが判明し，今後は新たな動物門として取り扱われるようになると考えられる（181ページのコラム4参照）．

■ 6章　動物の多様性と系統

⑤ 直泳動物門　Phylum Orthonectida（約 25 種）

体長 1 mm 以下の小型の多細胞動物であり，扁形動物，紐形動物，環形動物，軟体動物，棘皮動物など，海に生息するさまざまな底生動物の組織や体腔中に寄生する．体表は 1 層の体皮細胞からなり，細胞は環状に配列する．体の前端部と後部には繊毛が生えている．表面はクチクラで覆われる．体内には生殖細胞と未分化な筋細胞がみられるが，組織も器官もない．

多くは雌雄異体で性的二型がみられる．受精は雌の体内で起こり，卵割はらせん型，体表に繊毛をもった幼生となる．日本では，厚岸産の扁形動物門渦虫類に寄生している 1 種が発見されているだけである．

⑥ 菱形動物門　Phylum Rhombozoa（約 110 種）

体長 1 cm 以下の小型の多細胞動物であり，最も少ない細胞数からなる多細胞動物である．底生の頭足類の腎臓や鰓心臓腔に寄生する．

体は 1 個の軸細胞（体の中軸にある細胞で，細胞質の中に生殖細胞を含んでいる）を，10〜30 個の繊毛をもつ体皮細胞が取り囲む．組織も器官もない．極帽と呼ばれる頭部では繊毛の密度が高く，尾部の体皮細胞は肥瘤細胞とい

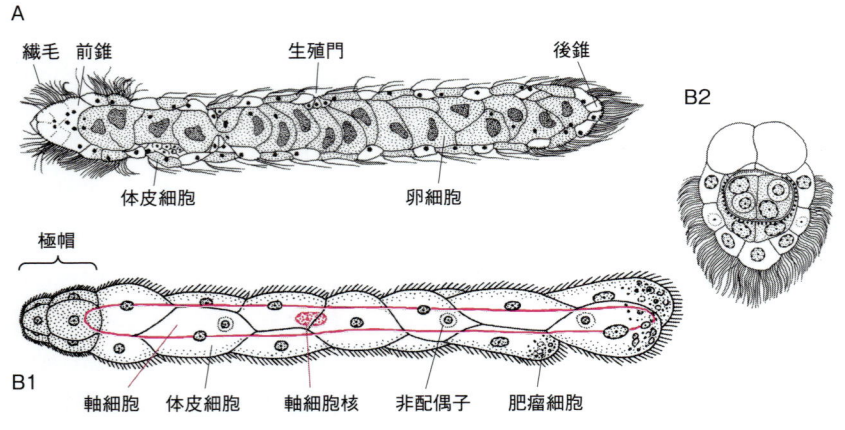

図 6.7　直泳動物門，菱形動物門
体制の模式図．A：直泳動物門，*Ciliocincta akkeshiensis*，B：菱形動物門，*Dicyema* 属，B1：蠕虫型の成体，B2：滴虫型幼生．（古屋, 2000 を改変：川島作図〔A は Tajika, 1979 を改変〕）

う栄養分を蓄積する細胞となることがある．蠕虫型の幼生は，通常無性虫と呼ばれる成体へと成長して無性的に生殖を行い，軸細胞内の非配偶子から蠕虫型幼生を生じる．生息密度がある程度高い状態では，蠕虫型の幼生は，有性生殖を行う菱形無性虫と呼ばれる成体となり，軸細胞内に形成された卵と精子が自家受精し

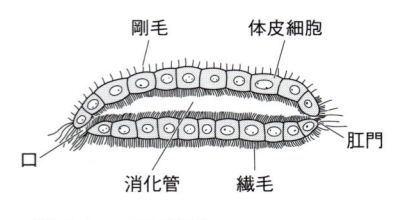

図 6.8 　一胚葉動物
体制の模式図．サリネラ *Salinella salve* の断面図．(Frenzel, 1892 を改変)

発生が進む．卵割はらせん型で，細胞数が 35，37 または 39 の左右相称の滴虫型幼生となる．滴虫型幼生は宿主から出て海底へと沈み，その後どのような成長をするのかなどはよくわかっていないが，次世代の細胞が別の宿主へと侵入し再び蠕虫型の成体へと成長する．

　二胚虫類と異胚虫類とに分類されるが，ほとんどの種はニハイチュウなどを含む二胚虫類に属する．二胚虫類は幼生に蠕虫型と滴虫型の 2 つの型があることからその名がつけられている．底生の頭足類の腎臓に寄生し，寄生率は高い．宿主の尿から栄養を摂取することが知られている．

　直泳動物門と菱形動物門は，以前は合わせて中生動物門とよばれ，単細胞の原生動物と後生動物の中間に位置すると考えられてきた．これら両動物門は分子系統研究では扁形動物の一群とされたり，冠輪動物と関係するとされたりしているが，系統位置はまだ定かではない．

　また，かつてこの中生動物門に入れられていた動物で，一胚葉動物門 Monoblastozoa とされることもある特殊な形態の動物がいる (図 6.8)．サリネラという 1 種のみ知られ，外胚葉と内胚葉がなく 1 層の体皮細胞が消化管を取り囲み袋状の構造となっている奇妙な多細胞動物である．体は 2 mm ほどで，背腹と前後の区別がある．1892 年にアルゼンチンの岩塩から調整した食塩水中で発見されたが，それ以後まったく見つかっておらず，実在を疑問視する声もある．非常に特異的なボディープランをもっており，もし再発見されれば単細胞から多細胞動物の進化を考える上でとても重要な動物門となるに違いない．

6.2.1 扁平動物

各動物門の間の類縁はあまりはっきりしていないところもあるが，扁形動物門，顎口動物門，輪形動物門，鉤頭動物門に加えて，新しく発見された微顎動物門と，系統位置がはっきりしないがおそらくこれらの動物門のいずれかと近縁であると考えられる腹毛動物門を合わせて扁平動物 Platyzoa として扱う．

扁平動物は元来は，扁形動物門，輪形動物門，鉤頭動物門に対して名づけられたもので，これらの動物門は，体表に繊毛があり，体節はなく，循環系を欠く無体腔または偽体腔の動物である．

⑦ **扁形動物門　Phylum Platyhelminthes（約 20000 種）**

背腹に平たい蠕虫状の左右相称動物．三胚葉性だが無体腔である．体節はない．海や淡水，湿地に生息し，約4分の3の種は寄生性である．

体表は基本的には多繊毛性の上皮で覆われる．消化管と体壁との間に，間充織と筋細胞が埋まる．消化管は肛門を欠き，一部の種では消化管もない．神経節がありはしご状の神経系が作られる．ほとんどの種が排出と浸透圧調節を行う原腎管をもつ．多くは雌雄同体で，他家受精をするほか，無性生殖を行う種も多い．胚の内部に卵黄を含む単一卵の場合はらせん型卵割を行うが，胚の外に卵黄細胞がある複合卵では変則的な卵割を行う．ミュラー幼生（図 6.3 の 5）などを経る間接発生が知られる．

伝統的には，多くは自由生活をする渦虫綱と，寄生生活をする単生綱，吸虫綱，条虫綱の4綱に分類されてきた．分子系統解析によって，渦虫綱の無腸目と皮中神経目とを合わせた無腸型類，渦虫綱の小鎖状目（類），渦虫綱の他の目と寄生性の残りの3綱を合わせた有棒状体類の3つの系統群からなり，無腸型類は小鎖状類や有棒状体類とは異なる系統であることがわかってきた．そのため姉妹群となっている小鎖状類と有棒状体類のみを扁形動物門とする考えに変わりつつある．

無腸型類は頭端器（頭部の前端に開口する粘液の分泌腺）をもつが原腎管を欠く．動物界の起源に関する多核体繊毛虫仮説（99 ページ参照）では，多核性の繊毛虫から無腸類のような左右相称動物の祖先が作られたとされ

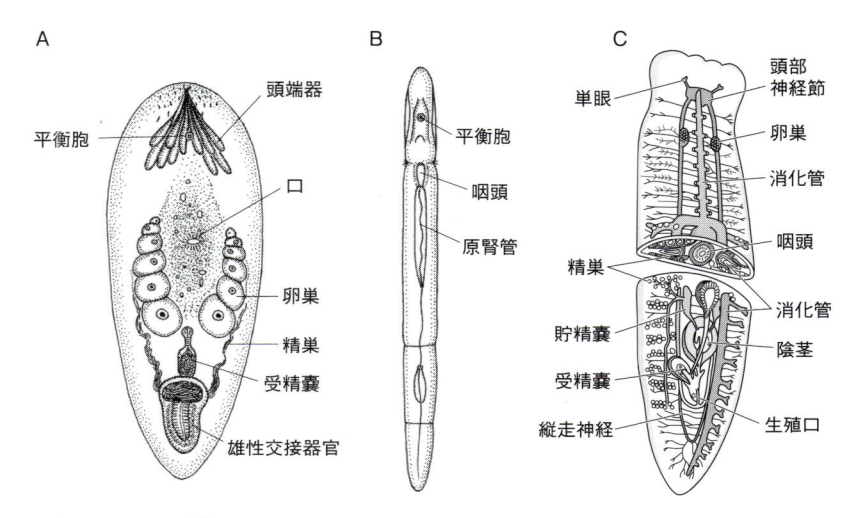

図 6.9　扁形動物門
体制の模式図．A：無腸型類（渦虫綱無腸目，*Convoluta* 属），B：小鎖状類（渦虫綱小鎖状目，*Catenula* 属），C：有棒状体類（渦虫綱三岐腸目）．(A-B は田近，2000 より：川島作図〔Cannon, 1986 を改変〕．C は Brusca & Brusca, 2003 を改変)

た．その仮説はあまり有力ではないものの，少なくとも無腸型類は左右相称動物の中では最も祖先的な系統であると考えられ，動物界の進化を考える上で重要な位置を占めている．クサリヒメウズムシなどの小鎖状類は，頭端器はなく単一の原腎管をもつ．扁形動物門の大半が属する有棒状体類は，上皮細胞に棒状体（刺激に応じて体表から外に出される棒状の構造）がある．渦虫綱のオオミスジコウガイビルは移入種で体長が 1 m にも達する．単生綱に属し鯉の鰓に寄生するフタゴムシは常に 2 個体が X 字状に合体している．日本住血吸虫などの吸虫綱は細長い体に吸盤をもち巻貝類などの中間宿主をへて脊椎動物のさまざまな器官に寄生する．サナダムシの仲間である条虫綱は細長く扁平な体をもち，複数の片節からなる．頭部に吸盤や鉤があるが，口も腸もない．脊椎動物を終宿主とし，腸に寄生している．

⑧　**顎口動物門　Phylum Gnathostomulida**（約 100 種）
蠕虫状の左右相称動物．三胚葉性だが無体腔である．体節はない．咽頭に複雑な構造の顎がある．海底の間隙に生息し，自由生活をおくる．

■ 6章　動物の多様性と系統

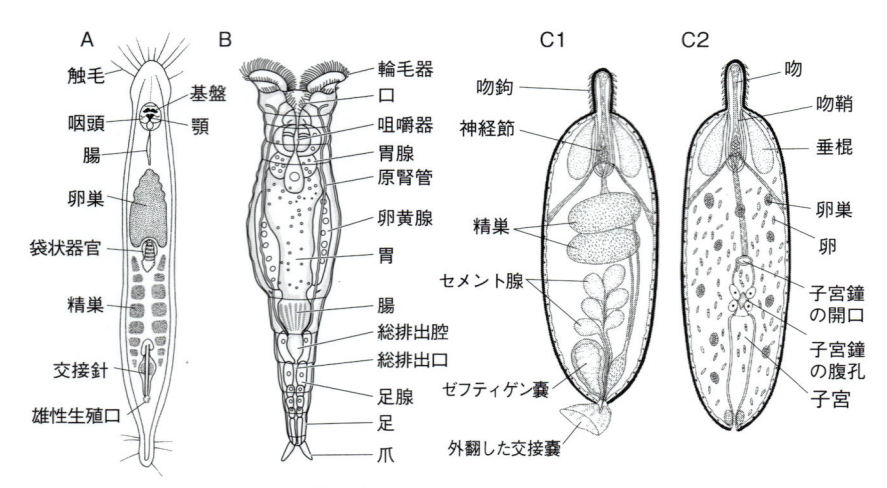

図 6.10　顎口動物門，輪形動物門，鉤頭動物門
体制の模式図．A：顎口動物門（*Gnathostomula* 属），B：輪形動物門（*Philodina roseola*），C：鉤頭動物門，C1：雄，C2：雌（A は田近, 2000 より：川島作図〔Sterrer, 1972 を改変〕．B は Brusca & Brusca, 2003 を改変．C は町田, 2000 より：川島作図）

体長 0.2 〜 3.5 mm の円筒形の体で，単繊毛性の単層上皮細胞に体が覆われている．口は前方の腹面に開き，クチクラ性の 1 対の顎と 1 個の基板をそなえた筋肉質の咽頭がある．咽頭から続く消化管（腸）は袋状で通常肛門はない．ほとんどは雌雄同体であり，体内受精の後にらせん型の卵割を行う．少数の種で直接発生が観察されている．

1928 年に発見され，1969 年に独立した動物門と認識された．主に海底堆積物中の奥深くの還元的な環境との境界域から見つかるが，日本産はまだ知られていない．扁形動物と共通する形態的特徴は多いが，分子系統解析の結果では異なるいくつかの結果が得られており系統位置が定まっていない．顎口虫症を引き起こす寄生性の顎口虫は線形動物門である．

⑨　**輪形動物門**　Phylum Rotifera（約 3000 種）

三胚葉性の小型の左右相称動物．体節はない．体の前端に輪毛器があり，繊毛運動のため車輪が回っているように見えることから名づけられた．ワムシと呼ばれ，主に淡水に生息するが，海に生息する種もある．

大きさは 0.5 mm 以下である．体の前端には 2 つの繊毛環からなる輪毛器

があり，摂餌や運動に用いられる．体の後方の足部には足腺（粘着物質の分泌腺）があり先端には指や爪をそなえる．表皮は多核体でクチクラなどを分泌し，被甲と呼ばれる細胞内のクチクラで体が覆われる種もある．口は前方の腹側に位置し，咽頭部には複雑な構造の咀嚼板からなる咀嚼器がある．消化管は胃や腸を経て総排出口へとつながる．排出器官は原腎管である．頭部神経節があり，後脳器官と呼ばれる独自の器官が付随している．体の前端にはさまざまな感覚器が存在する．

　卵割はらせん型である．基本的に雄はまれであり，短命で小型である．従来は，生殖器の数などで3綱に分類されてきた．ウミヒルガタワムシ綱では雄が常に存在して有性生殖を行うが，ヒルガタワムシ綱では雄が存在せず雌のみで単為生殖を行う．魚の餌として使われるシオミズツボワムシなどほとんどの輪形動物が属する単生殖巣綱では，周期性単為生殖という複雑な世代交代のある生殖を行う．卵が受精すると卵膜が厚く耐久性のある休眠卵となる．近年では咀嚼器の形態で分類されることも多く，分類体系は流動的である．分子系統解析では，次の鉤頭動物門に対して側系統群となることが示唆されている．

⑩ 鉤頭動物門　Phylum Acanthocephala（約1100種）

　蠕虫状の左右相称動物．三胚葉性で偽体腔をもつ．体節はない．体の前端に鉤の生えた吻をもつ．コウトウチュウと呼ばれ，脊椎動物の腸に寄生する．

　体長は1mm～1mとさまざまである．円筒形の胴部の前端から吻が出る．吻にある鉤で宿主の腸壁に固着する．消化管はなく栄養分は体表から吸収する．表皮は多核体で，体の外側はクチクラで覆われている．表皮の中には鉤頭動物門独自の網目状の管網系があり，栄養分などを運ぶ．表皮の内側には環状筋（体の長軸に対して周囲を環状に取り囲む筋肉）と縦走筋（体の長軸に方向にのびる筋肉）がある．偽体腔は間膜によって複数の部分に分けられている．管網系につながる1対の垂棍によって偽体腔内の水圧を調整し吻の出し入れを行う．ごくわずかな種を除き原腎管はもたない．

　雌雄異体で，雄は雌よりも小さい．交尾を行い，雄の交接嚢が外にひろがって雌の生殖孔を覆って精子を注入した後，セメント腺からの分泌物で生殖

孔をふさぐ．卵は雌の偽体腔内で受精し，らせん型の卵割を行う．卵殻内で発生が進みアカントール幼生となると卵殻は産み出される．卵殻は中間宿主である甲殻類に食べられ，その腸内で孵化し血体腔（節足動物や軟体動物の組織の間にある不規則な間隙で，開放血管系の血液が血リンパとしてこの間隙を流れる）に侵入した後，成長してアカンテラ幼生，シスタカンス幼生となる．終宿主の脊椎動物が甲殻類とともにシスタカンス幼生を食べると終宿主の腸内で成熟する．中間宿主と終宿主の間にさらに別の宿主（待機宿主）が入ることもある．

　鉤頭動物門は吻や鉤の形状などで原鉤頭虫綱（げんこうとうちゅう），古鉤頭虫綱（こ こうとうちゅう），始鉤頭虫綱（し こうとうちゅう）の3綱に分類されている．原鉤頭虫綱は生活史が陸上で完結し終宿主は鳥類と哺乳類である．古鉤頭虫綱は生活史が水陸両方で終宿主は脊椎動物全般である．始鉤頭虫綱は生活史が水中で完結し終宿主は魚類やカメ類である．

　電子顕微鏡観察によって体を覆うクチクラが表皮細胞内にあることが判明し，その性質は輪形動物のヒルガタワムシ綱と共通している．分子系統解析からは側系統となる輪形動物門と鉤頭動物門は姉妹群をなすことがわかり，両動物門はどちらも多核体の表皮をもつことから，両者は多核皮動物 Syndermata として単系統群にまとめられることがある．

⑪　微顎動物門（びがく）　Micrognathozoa（1種）

　グリーンランドの湧水から発見された体長0.2 mm ほどの偽体腔動物．独自の複雑な構造の顎をもつ．

　2000年に微顎動物は「担顎動物門（たんがく）」の1綱として記載された．グリーンランドと南極海のクローゼット諸島で見つかった *Limnognathia maerski* の1種のみが知られる．体は，頭部，胸部，腹部よりなる．表皮は多核体ではないが，背側と体側では細胞内部に板をつくる．腹側の表皮の内部には板がないが，繊毛をもたない大きなクチクラの口板がある．腹側には2列に細胞が並んだ繊毛域があり，これを使って移動する．腹側の尾部の近くにある繊毛性のパッドは粘着性がある．体の各部に触覚毛をそなえる．胸部に2対の原腎管をもつ．これまで雌しか得られておらず，生殖方法は不明である．

　微顎動物門がもつ独特の顎は，クチクラの中にオスミウム酸親和性のある

6.2 左右相称動物

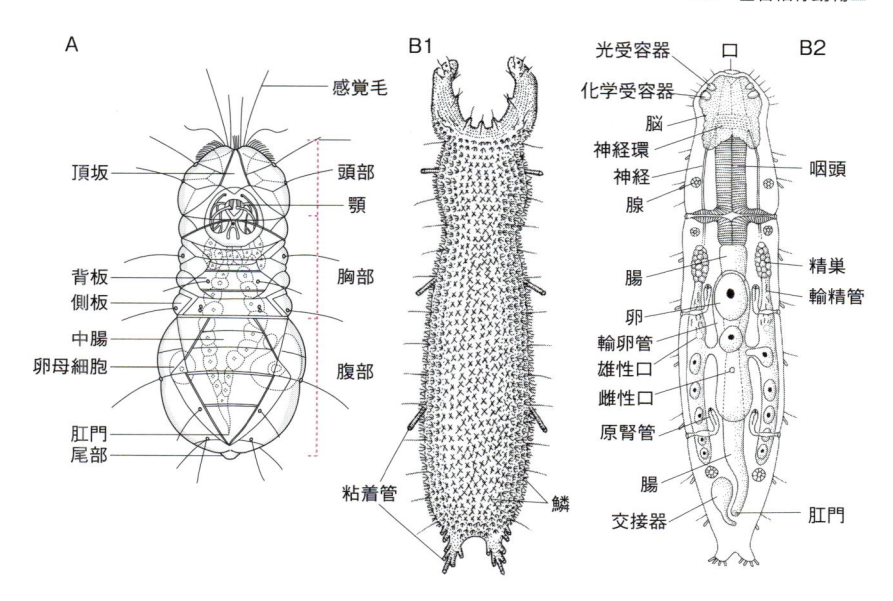

図 6.11 微顎動物門，腹毛動物門
A：微顎動物門，体全体の模式図（背側），B：腹毛動物門，B1：オビムシ目 *Pseudostomella* 属の外形，B2：オビムシ目の体制の模式図（A は Kristensen & Funch, 2000 を改変．B は白山, 2000 より：川島作図〔Ruppart & Barnes, 1994 を改変〕）

物質が詰まった棒状構造を有しており，これは顎口動物門や輪形動物門の顎と共通する特徴であるため，これら 3 つの動物門の近縁性が示唆されている．輪形動物門と姉妹群をなす鉤頭動物門も含めて，4 つの動物門を合わせて担顎動物 Gnathifera とされることがあり，1 つの動物門として扱われることもある．分子系統解析では，核の DNA では同様の近縁性を示すものの，ミトコンドリア DNA による解析では微顎動物門は内肛動物門と近縁であることを示唆する結果もあり，結論には達していない．

⑫ 腹毛（ふくもう）動物門　Phylum Gastrotricha（約 450 種）

小型の左右相称動物．三胚葉性で偽体腔をもつ．体節はない．体の腹面にのみ繊毛がある．海または淡水に生息し，海底では間隙性の生活をおくる．

体長は 4 mm 以下で，背腹に扁平な筒状の体で，腹側がへこんでいる．2 層のクチクラ層がよく発達しており鱗や棘となり体を覆っている．体外の繊

毛は腹側にある単繊毛上皮のみに限られ，その繊毛は外側のクチクラ層で覆われている．この繊毛を使って基質上を移動する．粘着管から粘着物質を分泌して基質に付着する．筋肉は環状筋と縦走筋とがある．口は体の前端にあり，肛門は後部にある．原腎管をもつ．頭部に脳があり，腹側に縦走神経索がある．

雌雄同体で交尾によって他家受精するものと，単為生殖を行い雌だけが知られているものとがある．卵割はらせん型で幼生期はない．

粘着管の数や咽頭孔の有無などによってオビムシ目とイタチムシ目とに分類されている．繊毛によって移動することから輪形動物門と近縁とされてきたが，体表のクチクラの二層構造などから線形動物門と，単繊毛上皮などから顎口動物門と近縁であるとも言われてきた．分子系統解析でも結果は一定ではなく，鉤頭動物門，顎口動物門，扁形動物門などと姉妹群をなすという結果や，脱皮動物におくべきという結果も得られている．

6.2.2 触手冠動物

冠輪動物のうち，箒虫動物門と腕足動物門は触手冠をもっており，触手冠動物 Lophophorata としてまとめられている．外肛動物門も同じような触手冠の構造をもっており，以前はこれら3つの動物門を触手冠動物としてまとめて新口動物に含める考えもあったが，現在では否定されている．外肛動物門は触手冠動物とは異なる系統であると考えられるが，その系統位置はよくわかっていないため，便宜的にここで解説する．

⑬ 外肛動物門　Phylum Ectoprocta（約 4500 種）

多数の小さな個虫からなる群体性の左右相称動物．三胚葉性で，真体腔をもつ．海または淡水に生息し固着生活をおくる．コケムシ（苔虫）と呼ばれる動物で，触手冠の外に肛門が開くことから外肛動物の名がある．

1 mm ほどの個虫の本体である虫体は，寒天質やクチクラまたは石灰質でできた虫室に収まっている．虫体の前部は虫室の開口部から外へ出て，触手がU字形または円形に並ぶ触手冠が開く．口は触手冠の中央にあり，消化管はU字形で肛門は触手冠の外に開いている．循環器系も排出器官もないが，胃緒と呼ばれる間充織のネットワークが血管のようなはたらきをする．個虫

6.2 左右相称動物

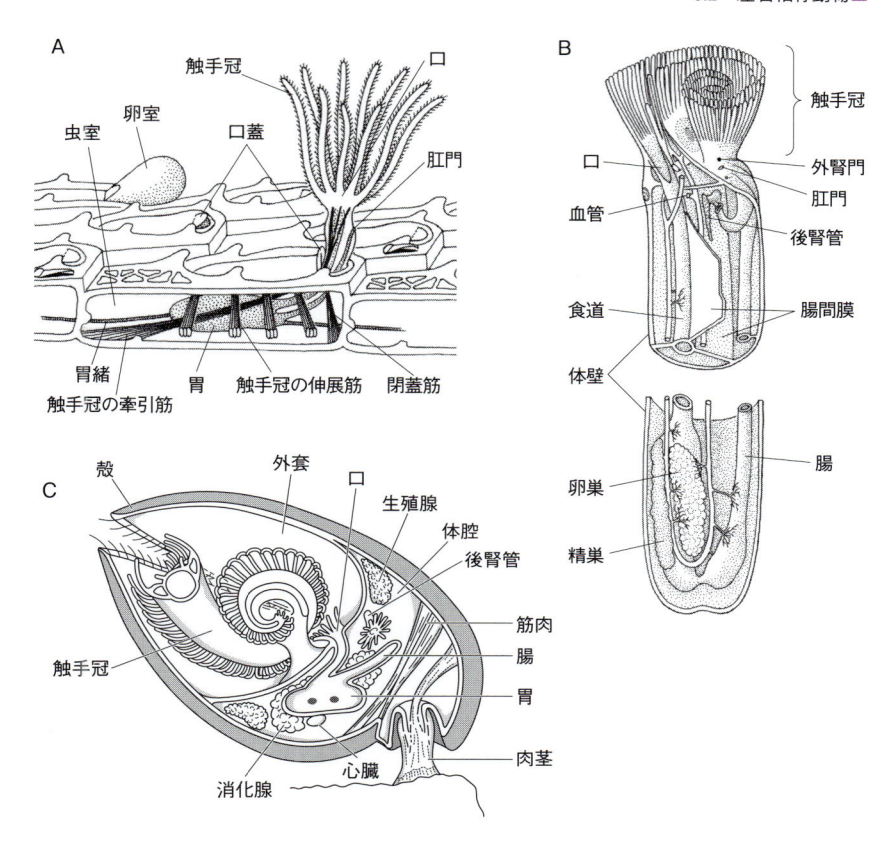

図 6.12 外肛動物門，箒虫動物門，腕足動物門
体制の模式図．A：外肛動物門（裸喉綱），B：箒虫動物門（*Phoronis* 属），C：腕足動物門（無関節綱）（A-B は馬渡, 2000 より：川島作図〔A は Barnes, 1987, B は Wilson, 1981 を改変〕．C は Margulis & Schwartz, 1998 を改変）

は無性的な出芽によって増殖して群体となり，岩や他の動物などを被覆，あるいは起立しており，板状，枝状，樹状などさまざまな形の群体を形成する．個虫には多型があり，餌を採る常個虫に対して，自身では餌をとらずに別の機能をもつ特殊な形の異形個虫が分化する．

　多くは雌雄異体である．発生は新口動物的な特徴をそなえており，卵割は全等割の放射型で，原口は口にはならない．摂食型のサイフォノーテス幼生

(図 6.3 の 6) や非摂食型の幼生などさまざまなタイプの幼生となり水中を浮遊した後, 固着して変態し幼虫となる.

淡水に生息する掩喉綱と海水または汽水に生息する裸喉綱との 2 綱に分類されている. 分子系統解析では, 多系統であるという結果も得られている. 船底などに付着してしまうため汚損生物ともされる. 分子系統によっても外肛動物門の系統上の位置はよくわかっていない.

⑭ 箒虫動物門　Phylum Phoronida（約 20 種）

蠕虫状の小型の左右相称動物. 三胚葉性で, 真体腔をもっている. 触手冠を「箒」の先に見立てて名がつけられている. 海のみに生息し, 海底で固着生活をおくる.

体長は数 cm〜20 cm で, 自身で分泌したキチン質の棲管の中にすむ. 馬蹄形またはらせん形の触手冠をもつ. 口は触手冠の中央にあり, 消化管は U 字形で, 肛門は触手冠の外側に開口する. 閉鎖血管系で, ヘモグロビンをもつ. 幼生も成体も 3 つの体腔をもつ. 1 対の後腎管をもち, 生殖輸管も兼ねている.

雌雄異体または雌雄同体である. 卵割は全等割の放射型であり, 二細胞期は調整能をもつ. 原口は口となる. 発生には 3 つの型がある. そのうち保育型では, 体内受精を行い, 受精卵は親の体表に付着して成長しアクチノトロカ幼生（図 6.3 の 7）となって泳ぎ出し, 海底で変態して成体となる. 放任型では受精卵は海水中で発生を行う. 保護型では親の棲管内で卵割を終えナメクジ様の幼生となり棲管から出る.

日本産はホウキムシとヒメホウキムシの 2 種のみ知られている. 分子系統解析によると箒虫動物門は腕足動物門の有関節綱と姉妹群をなしている. 形態でも箒虫動物門は腕足動物門と後腎管などの形質を共有しており, 両動物門は近縁であると考えられており, 両者を合わせて腕動物門 Brachiozoa と呼ぶことも提唱されている.

⑮ 腕足動物門　Phylum Brachiopoda（約 350 種）

小型の左右相称動物. 三胚葉性で, 真体腔をもつ. 体の背腹に 2 枚の殻をもつ. 海のみに生息し底生生活をおくる.

体は数 cm の大きさで, 外套膜（殻を分泌する膜状の構造）によって体の

外側に炭酸カルシウムまたはキチン質性のリン酸カルシウムでできた殻をつくる．触手冠は円形またはらせん形で外套腔（殻の内面に密着した外套膜で囲まれた空間）の中に開いている．口は触手冠の中央にあり，消化管はU字形で，肛門はないかまたは触手冠の外側に開く．不完全な開放血管系をもつ．1～2対の後腎管をもち，生殖輸管（生殖巣から生殖孔へ卵や精子を運ぶ管）も兼ねている．

ほとんどは雌雄異体である．卵割は全等割の放射型である．原口は閉じてしまい，成体の口や肛門は二次的に形成される．摂食型の殻をもつ浮遊幼生となり変態せずに成体となる種，卵黄栄養型で短い幼生期を経て変態して成体になる種，外套腔内で保育する種がある．

殻をつなぐ蝶番の有無で，有関節綱と無関節綱とに分類されている．食用とされるミドリシャミセンガイは無関節綱に属し，泥の中に穴を掘ってすみ，肉茎が発達し体を支えている．腕足動物門は古生代に繁栄し，その末期に激減した．

6.2.3 担輪動物

冠輪動物のうち，紐形動物門，軟体動物門，星口動物門，ユムシ動物門，環形動物門，内肛動物門はトロコフォア型の幼生をもつ担輪動物 Trochozoa としてまとめられている．新しく発見された有輪動物門の系統上の位置は不明であるが，内肛動物門と姉妹群をなす結果も得られている．

⑯　**紐形動物門　Phylum Nemertea**（約 1200 種）

細長い蠕虫状の左右相称動物．三胚葉性で，裂体腔と考えられる吻腔をもつ．吻腔から吻を出し長く伸ばす．体節はない．ヒモムシと呼ばれ，ほとんどは海底の転石の下や砂泥中などに生息するが，淡水や陸上に生息するものもいる．

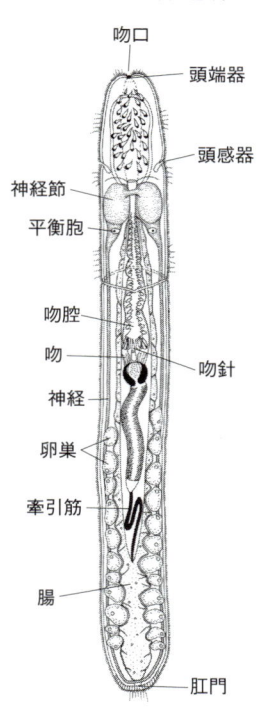

図 6.13　紐形動物門
体制の模式図．*Ototyphlonemertes* 属．（田近, 2000 より：川島作図〔Mock, 1978 を改変〕）

体長は数 mm から十数 m で伸縮可能で，背腹に平たい．体は繊毛が生えた表皮で覆われる．表皮の内側に環状筋や縦走筋があり，これらが消化管や他の体内器官と間充織をとり囲んでいる．体の前頭部に頭感器などの感覚器官を備える．口は前方腹面に開き，消化管は咽頭，胃，腸に分化し，体の後端に肛門がある．消化管の背方にある吻腔に吻が収まっており，吻を吻口から体外へと反転突出して捕食などを行う．心臓はないが閉鎖血管系があり，一部の種ではヘモグロビンをもつ．排出および浸透圧調整器官として原腎管をもつ．吻を囲むように神経節があり，縦走神経索が出てはしご状神経となる．

多くの種は雌雄異体で，有性生殖を行い，卵割は全割でらせん型である．直接発生が多いが，ピリディウム幼生（図 6.3 の 8）などを経た間接発生をする種もある．体の断片からの無性生殖も頻繁に行われる．

紐形動物門は，神経節の位置や吻の中の針の有無によって，有針綱と無針綱とに分類されてきた．有針綱にはマダラヒモムシなど，無針綱にはミドリヒモムシなどが含まれる．紐形動物門は，かつては無体腔動物と考えられていたが，分子系統解析によって軟体動物や環形動物などと姉妹群をなすことが判明した．紐形動物がもつ体内唯一の空所である吻腔は体腔ではないとされてきたが，分子系統解析の結果を受けて改めて発生学的な研究が行われ，実際には裂体腔であることが明らかとなった．

⑰ 軟体動物門　Phylum Mollusca（約 93195 種）

三胚葉性で真体腔をもつ左右相称動物．体節はない．体は骨格がなく柔らかいが，外套膜が分泌した石灰質の貝殻をもつことが多い．海，淡水，陸上とさまざまな環境に生息している．自由生活の種が多いが寄生性の種もいる．

一般的には次のようなボディープランをもつ．体は，頭部，内臓塊，足からなり，外套膜が内臓塊や背面を覆っている．外套膜は外側に石灰質の貝殻を分泌する．外套膜と体の間には外套腔ができ，その中には鰓がある．体内の腔所は組織の間隙を血液が流れるだけの血体腔であり，開放血管系をもつ．真体腔は退化的で心臓，腎臓，腸の一部の周囲にある小さな空間のみである．口には歯舌（クチクラの膜の上に多数の小さな歯が並んだ構造）がある．肛

6.2 左右相称動物

門は外套腔の中に開口する．はしご状神経をもつものと，神経節が頭部に集中している中枢神経系をもつものがある．多くは雌雄異体であるが雌雄同体の種もある．卵割は全割で，らせん型である．浮遊幼生としては，トロコフォア幼生（図 6.3 の 9）やベリジャー幼生（図 6.3 の 10）が知られる．

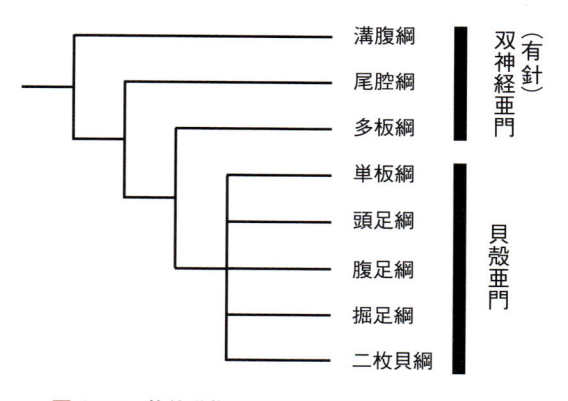

図 6.14　軟体動物門の各綱の系統関係
貝殻亜門の 5 綱については系統がはっきりしていない．（上島, 2000 ほかに基づく）

〔系統樹〕
双神経亜門（有針）: 溝腹綱, 尾腔綱, 多板綱
貝殻亜門: 単板綱, 頭足綱, 腹足綱, 掘足綱, 二枚貝綱

　動物界の中では節足動物について既知種が多い動物門で，8 綱に分類されている．これらは 2 対の神経索からなる単純な神経系をもち一般的に祖先的なボディープランを残している双神経亜門（尾腔綱，溝腹綱，多板綱）と，殻皮と石灰質の層状構造の貝殻をもつ貝殻亜門（単板綱，頭足綱，腹足綱，掘足綱，二枚貝綱）とに大きく分けられることが多いが，綱間の系統関係は，とくに貝殻亜門においてさまざまな仮説が提唱されており，分子系統解析も盛んに行われているが定説には達していない（図 6.14）．

　尾腔綱と溝腹綱はともに蠕虫状の体で貝殻はもたないことから，以前は無板綱としてまとめられていた．どちらも消化管は 1 本の単純な管で，排出器官はない．1 対の脳神経節から 2 対の神経索が体の後方へと伸びている．

　尾腔綱は体長 2 〜 140 mm ほどである．足は退化的で体の前端の口を囲む部分に足楯と呼ばれるクチクラで出来た構造をもち，体の後端に小さな外套腔があり鰓を備える．咽頭には歯舌とクチクラ質の板がある．中腸腺（微細な食物粒子を取り込み，消化を行う腺状の組織）が発達し消化管につながっている．海底の砂泥に潜って生活している．体外受精を行うと考えられ，トロコフォア幼生も知られている．アッケシケハダウミヒモなどを含む．

　溝腹綱は体長 1 cm 以下の小型の種が多いが 30 cm を越える種もある．体

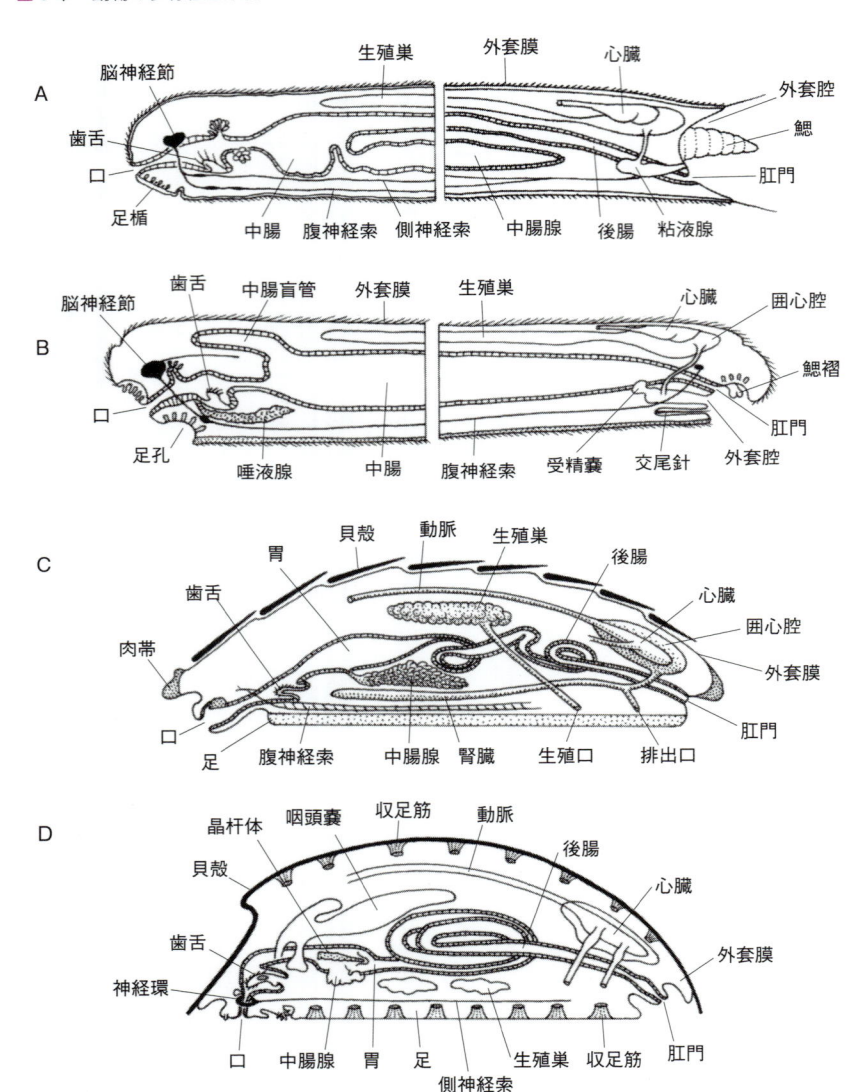

図 6.15　軟体動物門（1）
体制の模式図．A：尾腔綱，B：溝腹綱，C：多板綱，D：単板綱．（上島，2000 より：川島作図〔B-D は Stachowitsch, 1992 を改変〕）

の腹面の正中線上に足溝があり，これを用いて這って移動する．口の後方に，足孔というくぼみがある．体の後端に小さな外套腔をもつが櫛状の鰓はなく，鰓褶（ひだ状の二次的にできた鰓）がある．歯舌はあるがクチクラ質の板はもたない．中腸腺はない．雌雄同体であり，2個体がからまり交尾を行う．トロコフォア幼生が知られている．海底の砂泥底または刺胞動物の上で生活する．サンゴノフトヒモやカセミミズが含まれる．

多板綱はヒザラガイの仲間である．体は扁平で8枚の貝殻をもつ．外套膜は厚く背面全体を覆っているが，その上を貝殻が覆っていない周囲の部分を肉帯と呼ぶ．枝状器官という独自の光受容神経を貝殻上にもち，殻眼と呼ばれるレンズや網膜を備えた大型の光受容器官となっていることもある．外套腔は腹面の足を取り囲み，中には多数の鰓が並ぶ．口の中には歯舌がある．中腸腺が発達し消化管につながっている．2対の神経節から2対の神経索が出る．腎臓は管状で，排出口は生殖口とは独立する．すべて海にのみ生息し，扁平な足で基質に吸着している．多くは雌雄異体で体外受精を行い，トロコフォア幼生が知られている．ヒザラガイやオオバンヒザラガイなどが含まれる．

単板綱は古生代に栄えたタクソンで，数 mm～4 cm の大きさの扁平な体の背面に1枚の笠形の貝殻をもつ．腹面には足がある．口の中には歯舌と顎板（口中の背面にあるクチクラ質の板）がある．鰓は外套腔に3～6対あり，筋肉や腎臓も体節的にくり返されている．神経節は発達せず，単純な神経系をもつ．ほとんど雌雄異体だが，発生についてはよくわかっていない．深海の海底に生息している．化石種は多数知られているが，現生種は，1952年に初めてネオピリナが報告され，これまで十数種が知られている．

頭足綱は体が前後方向に伸びた形で，口の周囲に，十数本の触手（オウムガイ類）や4～5対の吸盤のある腕（イカ類，タコ類）をもつ．外套膜は後方に突出した内臓塊を包み胴部となる．外套腔は前方に開き，腹側には筒状に突出した漏斗（ここから外套腔内の水を外へ噴出することにより移動することができる．墨を吐くときにも用いられる）を備える．外套腔には1～2対の鰓がある．1対のレンズを備えた精巧な眼をもつ．貝殻はオウムガイ類

■ 6章　動物の多様性と系統

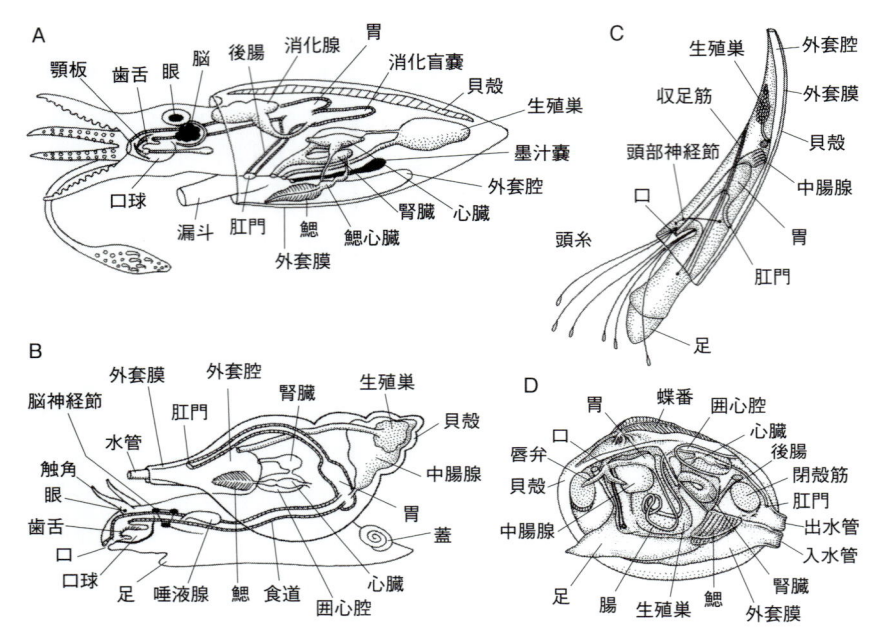

図 6.16　軟体動物門（2）
体制の模式図．A：頭足綱，B：腹足綱，C：掘足綱，D：二枚貝綱．（上島, 2000 より: 川島作図〔A-B は Stachowitsch, 1992，C-D は Brusca & Brusca, 1990 を改変〕）

では体の外側にあるが，通常は体内にあるか完全に退化している．口にはくちばし状の顎板（「カラストンビ」と呼ばれる部分）と歯舌を備えている．イカ類，タコ類は墨汁腺をもつ．中腸腺はよく発達する．通常の心臓のほかに鰓心臓（周期的に収縮し鰓に血流を送り込む）をもつものがある．腎臓は1対ある．発達した神経節が頭部に集中し中枢神経をなす．雌雄異体で交尾を行う，卵割は盤割（胚盤の部分で卵割が進み，卵割面が卵黄中には進入しないような卵割方法）で直接発生する．海にのみ生息し，浮遊性または底生性である．オウムガイ，コブシメ，ダイオウイカ，ヒョウモンダコなどや，絶滅したアンモナイト類も含む．

　腹足綱は現生種だけで4万種を越す軟体動物門で最大の綱である．海，淡水，陸上に生息し，棘皮動物など他の動物に寄生する種も多い．通常はらせ

ん状にまいた貝殻と蓋をもつが，ウミウシの仲間などの後鰓類などでは，殻が退化して失っているものもある．内臓もらせん状となり，体は左右非対称となっている．頭部には1対の触角と眼がある．足は腹側にあり，これを用いて海底を這って移動する．外套膜は体の前方を覆っている．外套腔は前方に開き，鰓などを備える．カタツムリやナメクジの仲間など陸上に生息する有肺類では，鰓を失い，外套膜が変化して肺となる．口には，顎板や歯舌がある．大きな中腸腺をもつ．頭部に神経節が発達している．雌雄異体と雌雄同体があり，通常は有性生殖をする．トロコフォア幼生，ベリジャー幼生を経るが，直接発生も知られる．ベリジャー幼生初期に内臓が180度回転する捻れが生じる．これによって体の後方にあった外套腔ならびに肛門が前方へ移動し，食道が捻れ，神経が交差する．後鰓類や有肺類では捻れ戻りが起こり，捻れが二次的に解消している．ほかにも，カサガイ，サザエ，クロアワビ，オキナエビスなどが含まれる．

掘足綱はいわゆるツノガイの仲間で，体は前後に細長く，両端が開いた筒状の貝殻をつくる．外套膜は背側の左右から内臓を包み，腹側（肛門側）で融合し，やはり前後両端が開いた外套腔を形成する．鰓はなく，眼や触角もない．頭糸と呼ばれる伸縮可能な多数の細長い触手が口の周囲にあり，摂食に使われる．足は細長い円柱形で先端が膨らみ突起があり，海底を掘り進むことができる．口には顎板と歯舌がある．消化管は単純だが，中腸腺をもつ．腎臓があり，神経節は発達している．海にのみ生息し，砂泥底に潜って生活する．雌雄異体で体外受精を行う．トロコフォア幼生，ベリジャー幼生を経て発生する．ヤカドツノガイなどが含まれる．

二枚貝綱では，左右に外套膜が張り出し，そこから分泌される2枚の貝殻が体の左右を覆っている．貝殻は，靭帯により背中側でつながれ，接する部分が蝶番となっている．左右の外套膜が体の後方で融合し，出水管と入水管をつくり，体内への水の出し入れを行う．腹側の足は大きく，斧形である．外套膜と足の間に外套腔があり，そこに1対の鰓をそなえ，呼吸と濾過摂食を行う．一部は足の基部に足糸腺をもち，足糸（体を岩や海藻などに固着するために使われる硬い蛋白質でできた繊維の束）をつくる．眼や触角はない．

■ 6 章　動物の多様性と系統

口には歯舌がないが，唇弁（口の背腹にある三角形の弁．繊毛運動により食物を口に送る）がある．体の前後にある閉殻筋で貝殻を閉じる．腸は複雑に曲がり，中腸腺をもつ．神経節は明瞭で，発達した中枢神経系となっている．腎臓をもつ．海および淡水に生息し，砂泥底に潜る種が多いが，固着性や穿孔性，寄生性の種もある．通常雌雄異体で体外受精を行う．トロコフォア幼生とベリジャー幼生が知られる．ムラサキイガイ，アコヤガイ，マガキ，オカメブンブクヤドリガイ，オオシャコガイ，フナクイムシなどを含む．

⑱ **星口動物門　Phylum Sipuncula（約 320 種）**

蠕虫状の左右相称動物．三胚葉性で，大きな裂体腔をもっている．体節はない．肛門は体の後端ではなく前方の背面にある．触手が口の周囲に並ぶ様子を星にみたてて名づけられた．ホシムシと呼ばれ，海にのみ生息し，砂泥に潜ったり岩盤などに穿孔して生息している．

体長約 1～50 cm の細長い円筒状の体で，前端は出し入れ可能な吻となる．口は吻の先端に開き，腸は U 字形で折り返し二重のらせん状によじれていて，肛門は体前方の背面に開口する．触手は口の周囲を取り囲むか，または口の背側にまとまる．吻を引き込む牽引筋がある．神経系は環形動物門と似ており，咽頭背側の神経節，食道神経環，腹側神経索からなる．体腔液中には，老廃物を集める多細胞構造がある．単一または 1 対の後腎管があり，体腔および体外に開口している．

通常は雌雄異体で，体外受精をし，卵割はらせん型である．トロコフォア幼生やペラゴスフェラ幼生（図 6.3 の 11）を経て変態する．

星口動物門は，触手が口を囲むスジホシムシ綱と，触手が口の背側に集まるサメハダホシムシ綱とに分類されている．体腔の構造は次に述べるユムシ動物門と非常によく似ている．最近の分子系統解析では，これら体節がない星口動物門やユムシ動物門が，体節がある環形動物門の一部であるという結果も得られており（図 6.18），体節は従来考えられてきたよりも進化的に変化しやすい形質であると考えられるようになってきている．スジホシムシ，マキガイホシムシなどを含む．

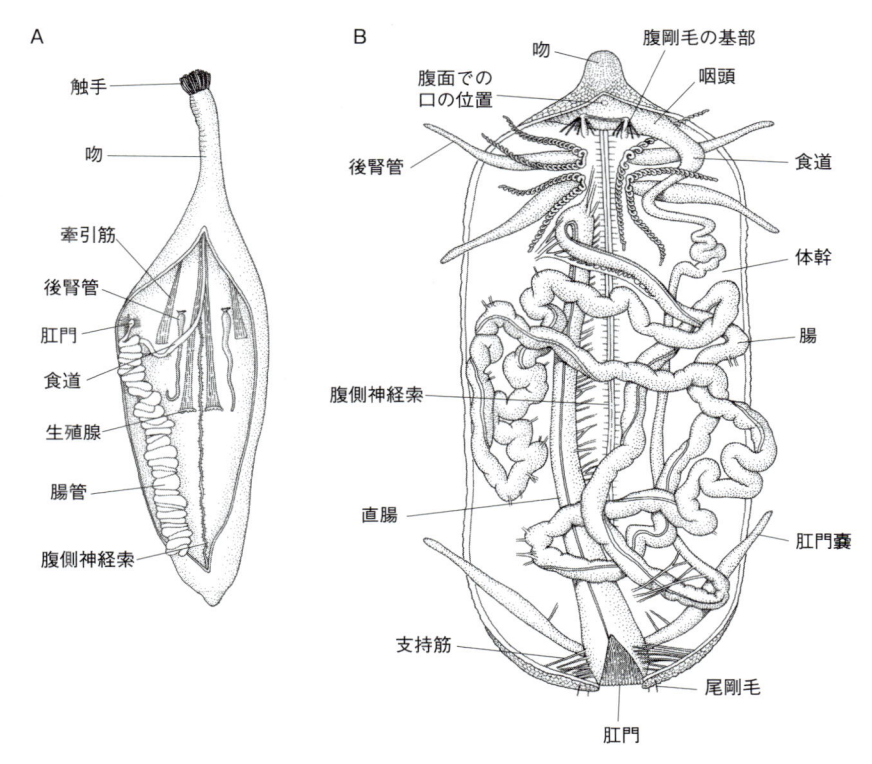

図 6.17　星口動物門，ユムシ動物門
背面から切り開いた体制の模式図．A：星口動物門（イケダホシムシ），B：ユムシ動物門（ユムシ）．（西川, 2000 より：川島作図〔A は西川, 1977, B は Sato, 1931 を改変〕）

⑲　ユムシ動物門　Phylum Echiura（約 150 種）

蠕虫状の左右相称動物．三胚葉性で，大きな裂体腔をもっている．体節はない．肛門は体の後端にある．海のみに生息し，砂泥に潜ったり岩盤などに穿孔して生息している．

体長約 8〜50 cm の円筒形の体幹の前端から吻が突出する．吻は体の中には引き込まれず，吻はない種も，150 cm にも達する長い吻をもつ種もあり，ボネリムシ類では先端が二叉に分かれている．体幹の前端に口があり，腸は体内で曲がりくねっているが肛門は体の後端に開く．口の直後や肛門の周囲

に環形動物門と似た剛毛をもつものがある．神経系は，環形動物門と似ているが単純で，神経環と腹側神経索からなり，脳や神経節は形成されない．1～400個におよぶ後腎管があり，体腔および体外に開いている．一般的に閉鎖血管系をもつ．

通常は雌雄異体で，体外受精をし，卵割はらせん型である．トロコフォア幼生を経て変態する．ボネリムシ類は顕著な性的二型（雌雄異体の動物において，主に体の外部の形態が性によって異なること）があり，雄は雌の数十分の一ほどの大きさにしかならず雌の体内に寄生する．後天的に性が決定される場合が多く，雌個体ないしその近傍に着底すると雄となり，そうでなければ雌となる．

体壁の筋肉の配列などで，ボネリムシなどのキタユムシ目と，ユムシやサナダユムシなどのユムシ目とに分類されている．分子系統解析によると，環形動物門の多毛綱の一部という結果も出ている．

⑳ **環形動物門　Phylum Annelida（約 16500 種）**

細長い蠕虫状の体の左右相称動物．三胚葉性で，大きな裂体腔をもっている．環状の体節をもち内部器官も体節構造となる．海，淡水，陸上とあらゆる環境に生息し，寄生性も多い．

一般的には次のようなボディープランをもつ．0.3 mm ～ 3 m の体長の蠕虫状の動物で，隔膜で仕切られた体節がある．体の前端は口前葉と呼ばれ，続く体節には口があり囲口節と呼ばれる．より後方には基本構造が同じ体節が並び，体の後端は尾節と呼ばれ，肛門がある．体内では体節間は隔壁で区切られている．体壁はクチクラに覆われ，体の側面には体節ごとに剛毛がある．閉鎖血管系で，ヘモグロビン，クロロクルオリンなどの呼吸色素をもつ．神経系は発達しており，頭部背側の中枢神経節，神経環，腹側神経索とからなる．ほとんどは後腎管をもつが，一部は原腎管をもつ．

雌雄同体と雌雄異体があり，多様な生殖様式を示すが，発生は典型的な旧口動物型であり，卵割はらせん型で多くはトロコフォア幼生を経て変態する．

環形動物門は多様な動物群を含んでおり，門内の分類体系はまだはっきりとしていない点が多い．ここでは，従来から用いられてきた多毛綱，貧毛綱，

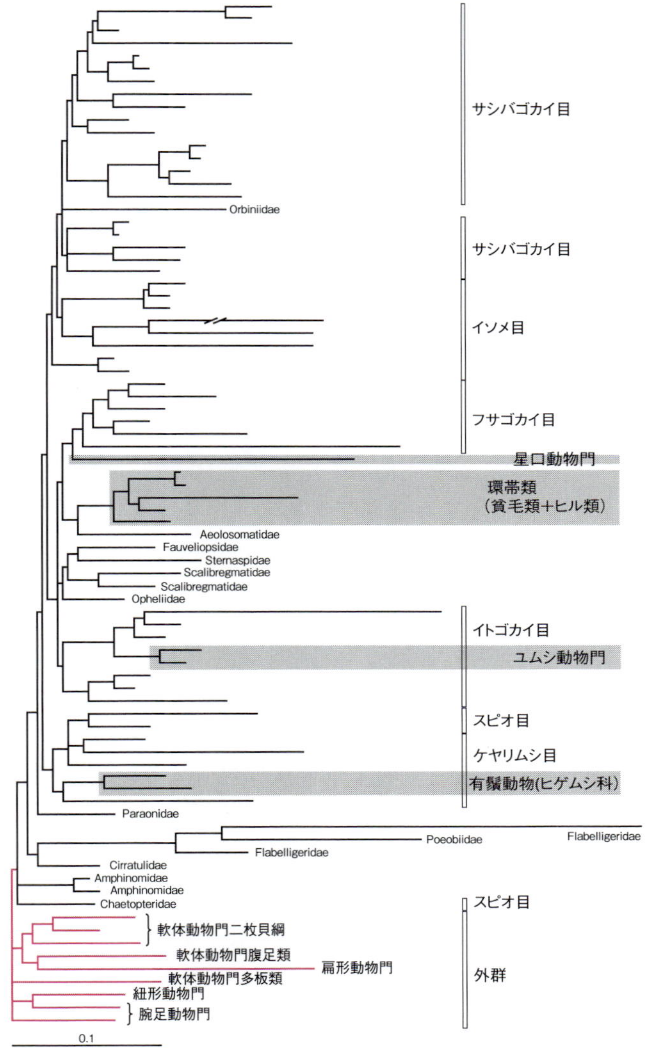
サシバゴカイ目
Orbiniidae
サシバゴカイ目
イソメ目
フサゴカイ目
星口動物門
環帯類
（貧毛類＋ヒル類）
Aeolosomatidae
Fauveliopsidae
Sternaspidae
Scalibregmatidae
Scalibregmatidae
Opheliidae
イトゴカイ目
ユムシ動物門
スピオ目
ケヤリムシ目
有鬚動物(ヒゲムシ科)
Paraonidae
Poeobiidae
Flabelligeridae
Flabelligeridae
Cirratulidae
Amphinomidae
Amphinomidae
Chaetopteridae
スピオ目
軟体動物門二枚貝綱
軟体動物門腹足類
扁形動物門
軟体動物門多板類
外群
紐形動物門
腕足動物門
0.1

図 6.18　環形動物門多毛綱の分子系統解析の一例
多毛綱は科または目が示してある．81 種の 3 つの核の遺伝子（18S rRNA, 28S rRNA, EFI α で計 4552 塩基対）の配列を用いて，最尤法およびベイズ法で解析した．この系統樹では，有鬚動物に加え，星口動物門，ユムシ動物門，さらには環帯類（貧毛綱やヒル綱）も多毛綱の中に入り込んでいる．（Struck *et al.*, 2007 を改変）

ヒル綱の3綱に分類する．貧毛綱とヒル綱は姉妹群となっており，両者はまとめて環帯類とされることが多いが，環帯類は多毛綱の一部であるという意見もある．これまで，別の独立した門とされていた有鬚動物（ゆうしゅどうぶつ）は，分子系統解析によって環形動物門多毛綱に入れられた．また，先に述べたように，星口動物門やユムシ動物門も環形動物門の一部である可能性が高い（図6.18）．

多毛綱は各体節の両側に疣足（いぼあし）（各体節の側面から突出している葉状の構造）があり，疣足には目立つ剛毛がある．口前葉には眼，感触手，副触手などがあり，囲口節には感触糸（かんしょくし）がある．尾節近くで体節が増加し，尾節にはときに肛触糸（こうしょくし）をもつ．体壁はクチクラに覆われた上皮，環状筋，縦走筋，体腔上皮からなり，体節ごとそれぞれに，排出器，循環器，生殖器をもつことが多い．閉鎖血管系で呼吸は体表を通して行われるが，頭部あるいは疣足に鰓をもつものもいる．雌雄異体の体外受精が多いが，無性生殖を行う種もある．著しい多様性があり，海に生息する種が多く，淡水にはわずかな種が生息するのみである．底生性が多いが，浮遊性や寄生性のものもいる．棲管をつくるものも多い．25を超える目に分類されている．ゴカイやイトメなどが含まれる．

従来独立した動物門とされてきた有鬚動物は，最近の分子系統解析によって，多毛綱ケヤリムシ目の1科として扱われるようになった．有鬚動物は海にのみ生息し，棲管の中にすむ蠕虫状の動物で，異なる2つの分類群からなる．ヒゲムシ類の体は前体，中体，胴部，後体に分かれ，体のほとんどは長い胴部からなっている．前体には細長いひげのような触手が1～数百本ある．中体と胴部の間は深い溝で分かれる．消化管は幼生にはあるが成体では消失する．雌雄異体で，卵割は不等割である．ハオリムシ類では，体の各部が，殻蓋部（かくがいぶ），ハオリ部，栄養体部，後体となる．後体は剛毛を備えた5～100の体節からなる．雌雄異体で，卵割はらせん型，トロコフォア幼生が知られている．ハオリムシ類は1969年にガラパゴス沖の熱水噴出孔から初めて発見され，特異な動物群と考えられ，新しい動物門とされた．胴部に硫黄酸化細菌が共生し，ヘモグロビンに硫化水素との結合部位も備える．化学合成群集の基幹生物の1つとなっている．

スイクチムシ目はウミユリ類などの棘皮動物に寄生する．体は体腔がなく

6.2 左右相称動物

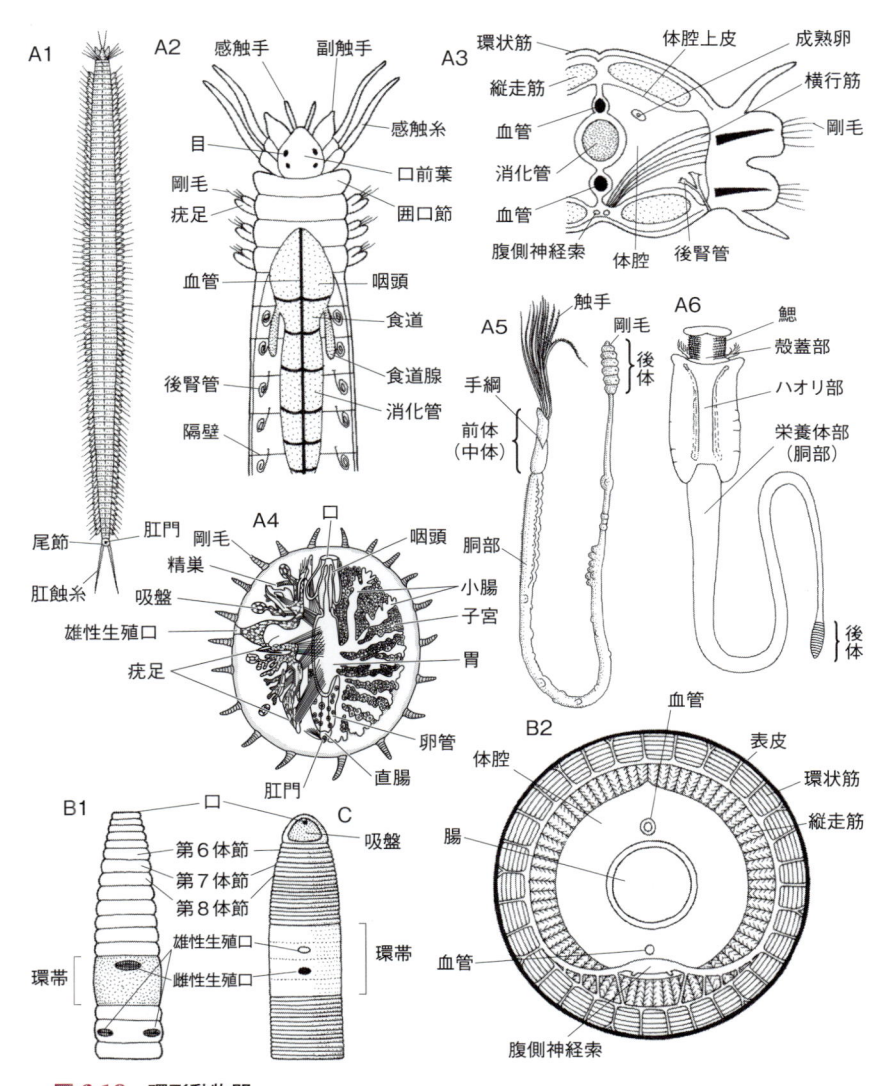

図 6.19 環形動物門
体制の模式図. A：多毛綱, A1：成体の外形, A2：頭部, A3：胴部断面, A4：スイクチムシ目, A5：有鬚動物ヒゲムシ類, A6：有鬚動物ハオリムシ類. B：貧毛綱, B1：体の前部, B2：横断面図. C：ヒル綱. 体の前部. (A4 は Brusca & Brusca, 2003 を改変. 他は三浦・白山, 2000 より：川島作図〔A1 は Fauchald, 1977, A2-A3 は Fauvel, 1959, B2 は山口, 1967 を改変〕)

不完全な体節があり，円盤状の形で5対に疣足がならび，その間に4対の吸盤をもつ．多毛綱の一部とされてきたが，系統位置はまだはっきりとしていない．分子系統解析では，環形動物に近縁または含まれるという結果もあるが，扁形動物，有輪動物，顎口動物と姉妹群をなすという結果も得られている．

貧毛綱（ひんもう）では多毛綱と異なり疣足がなく，剛毛は体壁から直接生じる．生殖巣は限られた体節にのみ発達する．体の前部の数節を帯状に覆って膨れあがった環帯があり，受精卵を包んで保護する卵胞を分泌する．雌雄同体で，2個体が同時に精包を相手に渡して交接する．淡水，陸上に多く生息するが，海に生息する種もある．陸上では土壌中に潜って生息し，土を飲み込んで排出する土壌動物として非常に重要な役割を果たしている．フツウミミズなどを含む．

ヒル綱はあらゆる環境に生息するが淡水性が多い．貧毛綱と体のつくりは似ているが，剛毛はなく，体の端に吸盤を備え他の動物に吸着して体液や血液を摂取するものが多い．チスイビルなどを含む．

㉑ 内肛動物門（ないこう）　Phylum Entoprocta（約 150 種）

体長は 5mm 以下の単体性または群体性の左右相称動物．三胚葉性で，無体腔である．体節はない．海水または淡水中に生息し固着生活をおくる．

体は萼部（がくぶ）と呼ばれるお椀形の本体の下に柄部（へいぶ）と呼ばれる茎がある．内臓はすべて萼部に収まっている．萼部の上側に口と肛門があり，U字形の消化管でつながる．口と肛門を取り囲むように環状に並んだ触手がある．1対の原腎管をもつ．

雌雄同体または雌雄異体で，体内受精した卵は，前庭と呼ばれる口と肛門の間のくぼみの部分で保育される．卵割はらせん型で，幼生はトロコフォア幼生に似ている形の幼生となり着底する．出芽で個虫を増やし群体が形成されるが，単体性の種も出芽による無性生殖を行う．

淡水に生息するミズウドンゲ属以外はすべて海に生息する．4科に分類されており，スズコケムシなどが含まれる．

環状に配列した触手が外肛動物門のコケムシ類の触手冠に似ていることから，最初はコケムシ類に近縁であると考えられ，触手冠の外側に肛門が開く

6.2 左右相称動物

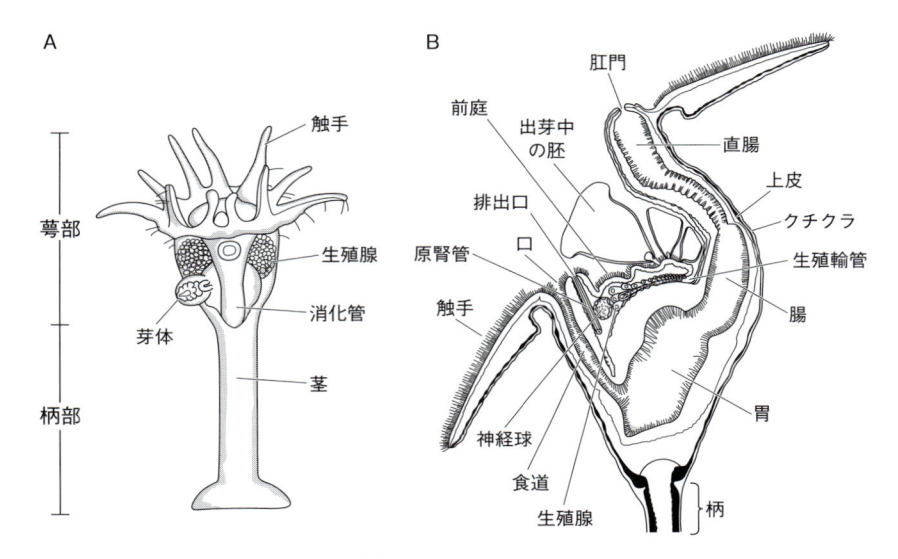

図 6.20 内肛動物門
体制の模式図. A：外形, B：萼部の縦断面模式図.
(A は Brusca & Brusca, 2003 を改変. B は馬渡, 2000 を改変)

コケムシ類を外肛動物門とし, 触手冠の内側に開くスズコケムシ類を内肛動物門とした. その後, 発生様式などが大きく異なることから, これら両動物門は近縁ではないとされるようになった. 分子系統解析では, 担輪動物に入れられることが多いが, まだ十分な研究がなされていない.

㉒ **有輪動物門**　Phylum Cycliophora（2 種）

体長は 0.4mm ほどの, 無体腔の左右相称動物. 口の周りに輪状に並ぶ繊毛から有輪動物の名がつけられた. アカザエビ類の口器に付着し外部寄生している.

体表はクチクラで覆われており, 口は体の前端に開き, U 字形の消化管をもち, 肛門は口の近くで開口する. 口の周りの繊毛を使って濾過摂食を行う. 体の後端の固着盤で付着する.

固着性無性世代, パンドラ幼生, 有性世代, 脊索幼生世代の 4 世代間で複雑な世代交代をする. エビの口器に固着する無性世代からは, パンドラ

■ 6章　動物の多様性と系統

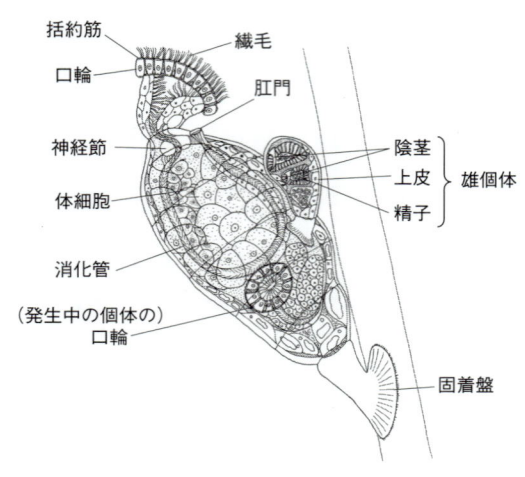

図 6.21　有輪動物門
Symbion pandora. 体制の模式図. 体内に成長する雌個体をもつ固着性無性世代とそれに付着している雄個体.（白山, 2000 より：川島作図〔Funch & Kristensen, 1995 を改変〕）

幼生が放出される．この幼生は短い遊泳期間の後，直ちに同じ個体のエビの口器に付着，変態し再び固着性無性世代となる．また，固着性無性世代は，有性生殖のために雄または雌を体内につくる．雄は体外へと放出され遊泳し，雌が体内で成長している別個体の固着性無性世代に付着して交尾する．交尾後の雌は放出され，同じエビ個体の口器に付着，変態すると脊索幼生となり再び泳ぎ出す．脊索幼生は長い遊泳期間の後，別のエビ個体に付着して固着性無性世代となる．

1995年に *Symbion pandora* という1種で創設された新しい動物門である．2006年に *S. americanus* という新しい種が記載された．内肛動物に近縁という一説があるが，形態的にも分子系統解析によっても，どの動物門と姉妹群となるのかは定説には達していない．

6.2.4　線形動物

脱皮動物のうち，線形動物門と類線形動物門は，原腎管がないことや精子に鞭毛がないことなどから近縁であると考えられ，分子系統解析でも姉妹群をなすことが確かめられていることから，広い意味での線形動物 Nematozoa としてまとめられる．

㉓　**線形動物門　Phylum Nematoda**（約 15000 種）

細長い糸状の左右相称動物．三胚葉性で，偽体腔をもつ．体節はない．あらゆる環境に生息し，自由生活性または寄生性である．

体長は顕微鏡で見る大きさから1mを越す大きさまでさまざまである．細

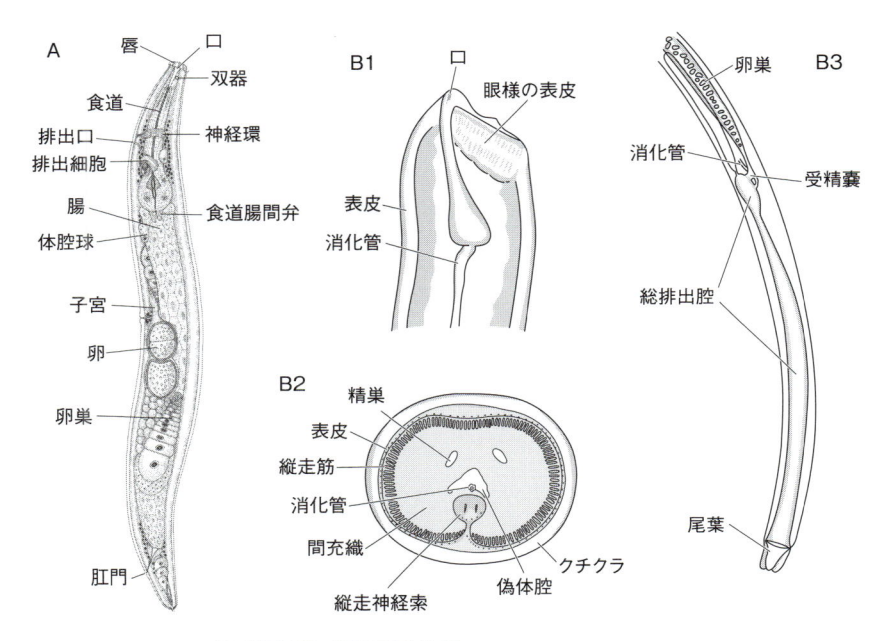

図 6.22 線形動物門，類線形動物門

体制の模式図．A：線形動物門，B：類線形動物門（ハリガネムシ目），B1：体の前端，B2：体の断面（雄），B3：体の後端（雄）．（A は白山, 2000 より：川島作図〔Maggenti, 1981 を改変〕．B は Brusca & Brusca, 2003 より）

　長い円筒状の体は厚いクチクラに覆われている．消化管は，体の前端にある口から食道を経て，体のほぼ後端にある肛門へとつながる．雄では生殖のための陰茎と肛門とが開口を共有し，総排出口となるが，雌では生殖口である陰門を別にもつ．頭部には左右に双器と呼ばれる化学受容の感覚器をもつ．環状筋はなく縦走筋のみをもつ．神経索は腹側に発達し，神経環が食道の中央部を囲む．排出器官はないが，1 個または 2 個の排出細胞がある．

　ほとんどは雌雄異体で交尾によって有性生殖を行う．卵割はらせん型で，決定性である．成長の過程で 4 回脱皮を行う．

　動物にも植物にも寄生する．寄生性の種は複雑な生活史となっていることが多い．自由生活性の種は水陸を問わず非常に高密度で生息していることが

知られており，地球上で最も個体数が多い動物門である．分類学的研究が進んでいないため未記載種がほとんどで，海に生息する種だけでも1億種を超えるという推定もある．

双器綱と双腺綱とに分類されている．双器綱は双腺をもたず，ほとんどの種は水中で自由生活をする．双腺綱は双腺と呼ばれる感覚器官を体の後端部にもっており，ほとんどは寄生性で，自由生活をする種のほとんどは陸上で生息する．「シー・エレガンス」と呼ばれる *Caenorhabditis elegans* は959個の細胞系譜が明らかになっていて，実験動物として有名であり，1000個ほどの遺伝子で，多細胞動物で初めて全ゲノムの塩基配列が解読された種である．カイチュウやギョウチュウはヒトに寄生する．アニサキスは中間宿主が魚類やイカ類で，終宿主はクジラやアザラシなどの海に生息する哺乳類である．マツノザイセンチュウはカミキリムシを媒介にして運ばれ，マツ枯れを引き起こす．

㉔ **類線形動物門　Phylum Nematomorpha（約320種）**

細長い針金状の左右相称動物．三胚葉性で，偽体腔をもつ．体節はない．幼虫は節足動物に寄生し，成熟すると水中で自由生活をおくる．

体長は数mmから数十cmで，体表は発達したクチクラ層に覆われている．体の前端に口があるものの，消化管は退化しておりほとんど機能していない．筋肉は縦走筋のみである．循環器官や排出器官はない．縦走する神経索があり，表皮に神経が分布するものもある．

偽体腔が間充織で満たされており，淡水に生息するハリガネムシ目と，偽体腔が空所となり体表には剛毛があり海に生息する遊線虫目とに分類されている．

雌雄異体で，卵割はらせん型である．定期的に脱皮を行い成長する．体の前端に吻がある幼虫となる．ハリガネムシ目では，水中で孵化した幼虫は水底を這う間に中間宿主である水生昆虫の幼虫などに食べられる．中間宿主の幼虫が羽化してカマキリなどの終宿主となる昆虫に食べられると，ハリガネムシ目の幼虫は終宿主の血体腔へ移動して成長を始める．成熟し発育を終えると終宿主の肛門から体外へと出て水中へ移動し交尾をして，雌は水中で産

卵する．遊線虫目の生活史はよくわかっていないが，幼虫は十脚甲殻類に寄生する．

6.2.5 有棘（ゆうきょく）動物

動吻動物門，胴甲動物門，鰓曳動物門の3動物門は，反転可能な頭部と冠棘（主に頭部に数列ある環状に並ぶ棘），花状器官と呼ばれる感覚器官などの形質を共有しており，冠棘を有することから名づけられた有棘動物 Scalidophora（または頭吻動物 Cephalorhyncha）としてまとめられることが多い．

㉕ 動吻（どうふん）動物門　Phylum Kinorhyncha（約150種）

微小な左右相称動物．三胚葉性で偽体腔をもつ．体節がある．海のみに生息し，底質の間隙で生活する．頭部（吻）を出し入れすることにより移動や摂食を行うことからその名がつけられた．

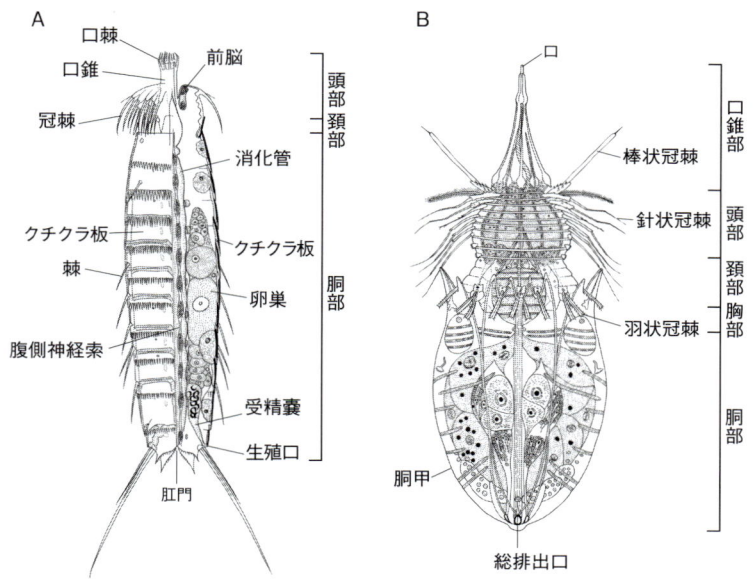

図 6.23　動吻動物門，胴甲動物門．
体制の模式図．A：動吻動物門（*Echinoderes* 属，雌），B：胴甲動物門（*Nanaloricus mysticus*）．（白山，2000を改変：川島作図〔A は Higgins & Kristensen, 1991，B は Kristensen, 1991；Kristensen & Shirayama, 1988 を改変〕）

体長 1 mm 以下の円筒形の体をもつ．口は体の前端，肛門は後端にある．体は 13 体節からなる．第 1 体節は反転可能な円錐形の頭部，7 列の冠棘，9 本の口棘（こうきょく）（体の前端の口を取り囲んで並ぶ棘）をもつ口錐からなる．第 2 体節は頸部で頭部を胴部に引き込んだときの蓋となる．第 3〜13 体節は胴部で，それぞれ 1〜数枚の硬いキチン質のクチクラ板からなり，棘がある．終端の体節には雌雄差があり，雄は交尾棘，雌は生殖口をもつ．神経節や筋肉は体節ごとにくり返す．1 対の原腎管をもつが循環器官はない．

雌雄異体であるが，繁殖行動や初期発生はよくわかっていない．成長初期には脱皮をすることが知られている．

トゲカワ類，キョクヒ虫などとも呼ばれる．頸部のクチクラ板の枚数などによって，キクロラグ目とホマロラグ目の 2 目に分類されている．

㉖ 胴甲動物門（どうこう）　Phylum Loricifera（約 23 種）

微小な左右相称動物．三胚葉性で偽体腔をもつ．体節はないが複雑な体のつくりをもつ．海のみに生息し，底質の間隙で生活する．胴の部分に甲羅をもつことから名づけられた．

体長 1 mm 以下で，体は，口錐部，頭部，頸部，胸部，胴部の 5 つに分かれる．口錐部は反転可能である．頭部には最大 9 列のさまざまな形状の冠棘がある．頸部には 1 列の冠棘がある．胸部は蛇腹（じゃばら）のような構造で，頸部と胴部をつないでいる．胴部は，6〜60 枚のクチクラ板からなる甲羅のような胴甲に覆われており，頸部より前の部分を体内に引き込むことができる．クチクラ板の表面には花状器官が分布する．筋肉は環状筋と縦走筋をもつ．体の前端に口があり，総排出口が体の後端に開く．1 対の原腎管は生殖巣の中にある．循環器官はない．

雌雄異体で冠棘などに性的二型がみられる．有性生殖をすると考えられるが，繁殖行動や初期発生はわかっていない．ヒギンズ幼生（図 6.3 の 12）が知られており，変態して幼稚体を経て成体となるものや，脱皮して直接成体になるものがある．

1983 年に初めて発見された．日本からの正式な記録はシンカイシワコウラムシのみで，小笠原海溝の水深 8260 m から見つかっている．

㉗ **鰓曳動物門**　Phylum Priapulida（約 16 種）

蠕虫状の左右相称動物．三胚葉性でおそらく偽体腔をもつ．体節はない．海のみに生息し，底質の間隙で生活する．尾部の付属器（口絵写真 14 の右端の部分）が鰓だと考えられてこの名がつけられた．

体長 0.5 mm 以下〜20 cm の円筒形の体をもつ．体表はクチクラの上皮で覆われ，花状器官が分布する．体は吻と胴部とにわけられる．吻は出し入れができ，前方には冠棘がある．口は吻前端にありキチン質の歯で囲まれ，体の後端に肛門がある．胴には横皺があるが，体節はない．肛門の後方に 1 ないし 2 個の尾状付属器をもつことが多いが，この器官の機能はよくわかっていない．原腎管をもつが，循環器官はない．

雌雄異体で体外または体内受精をする．卵割は放射型である．雌だけしか見つかっていない種もある．脱皮をくり返して成長し，ロリケイト幼生（図 6.3 の 13）という胴甲動物とよく似た形状の幼生が知られている．

日本からは尾状付属器が 1 つのエラヒキムシと 2 つのフタツエラヒキムシが知られる．

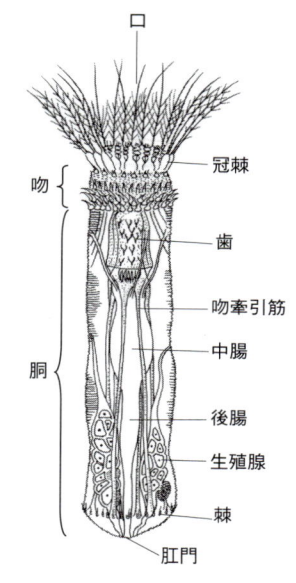

図 6.24　鰓曳動物門
体制の模式図．*Maccabeus* 属．（沼波, 2000 より：川島作図〔Hammarsten, 1915 を改変〕）

6.2.6 汎節足動物

節足動物門とそれに類似した緩歩動物門および有爪動物門をまとめて汎節足動物 Panarthropoda とする．

伝統的には体節が系統進化上の形質として重視され，環形動物門も同様に体節をもつことから，環形動物門と節足動物門は，節足動物門と近縁であるとされた側節足動物（緩歩動物門，有爪動物門，舌形動物門）も含めて，体節動物というまとまりで考えられていた．しかし，分子系統解析によって，環形動物門と節足動物門とは異なる系統に属することがわかった（図 6.25）．

■ 6章 動物の多様性と系統

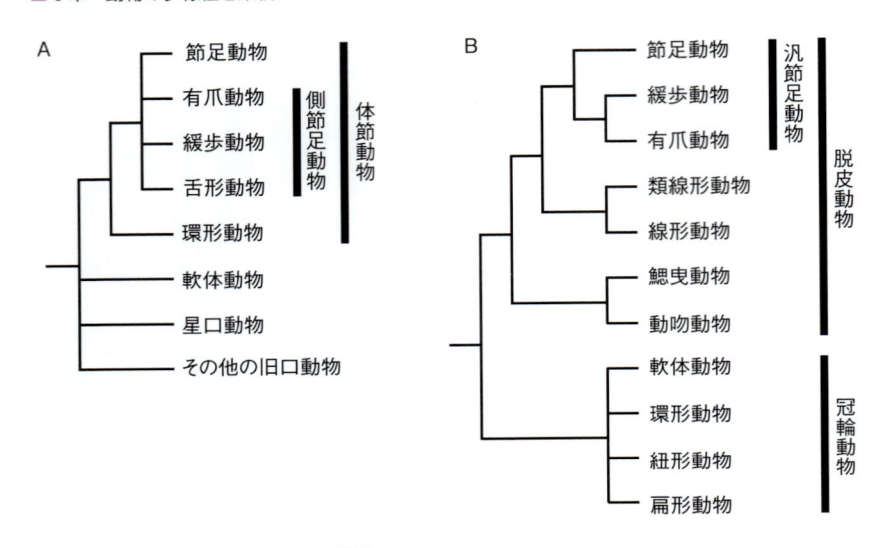

図 6.25 節足動物門の系統
A：体節制を重視した伝統的な仮説，B：18S および 28S rDNA に基づく分子系統．Aでは環形動物門との関係が強調されているが，Bでは環形動物門はまったく異なる系統となっている．（上島，2008 より）

すなわち，環形動物門と節足動物門の体節はそれぞれ独立して獲得したと考えられるようになった．

側節足動物のうちの舌形動物門は，精子の微細構造が甲殻類に含まれる鰓尾類のものに似ていることから甲殻類の一群であることが示唆されていたが，その後の分子系統解析によってこれらは姉妹群をなすことが判明し，舌形動物はボディープランが大きく変化した甲殻類の一群であると結論づけられている．緩歩動物門，有爪動物門は分子系統解析の結果でも節足動物門の姉妹群となっており，これら3つの動物門は付属肢を伴う体節構造をもつという点で汎節足動物というクレードを形成する．

毛顎動物門は系統位置が不明であるが，便宜的にこの節の最後で扱う．

㉘ **緩歩動物門** Phylum Tardigrada（約 800 種）

小型の左右相称動物．三胚葉性で，体節がある．海，淡水，陸上のあらゆる環境にすみ自由生活をおくる．ゆっくりと歩くことからこの名がつけられ，

クマムシと呼ばれる．

　体長 0.1 〜 1 mm 程度の紡錘形の体は，クチクラ性の表皮に覆われる．体節はあまり明瞭ではないが，頭部および胴部 4 体節の 5 体節に分かれている．4 対の脚があり，脚の先端には 4 〜 10 本の爪がある．爪は融合したり，吸盤状に変化しているものもある．口は体の前端に開き 1 対の歯針で他の動植物に孔を開けそこから食物を吸入する．体の後方の腹側に肛門がある．マルピーギ管（腸に開口する老廃物を排出するための器官）をもつ．神経ははしご状で，眼点をもつ種がある．

　普通は雌雄異体である．脱皮するのと同時に卵を脱皮殻に産みつけることもある．発生はあまりよくわかっていない．

　海や淡水に生息するものは底生性，陸上に生息するものは土壌中や，コケ類や地衣類などの着生植物に付着する．陸上に生息する種では，クリプトビオシスと呼ばれる極限の環境にも耐える休眠状態が知られており，体を縮めて樽形になり，代謝を最低限に保つことにより，乾燥，150℃もの高温，絶対零度 − 273℃に近い低温，強い放射線，真空に耐えることができる．3 綱に分類されている．多くは海にすむ異クマムシ綱，オンセンクマムシ 1 種のみが知られる中クマムシ綱，陸上や淡水に生息するものがほとんどの真クマムシ綱からなる．

㉙ 有爪動物門　Phylum Onychophora（約 160 種）

　蠕虫状の左右相称動物．三胚葉性で，体節がある．中南米，オセアニア，アフリカに分布し，森林の落ち葉の下などで自由生活をおくる．脚の先端にある爪からこの名がつけられ，カギムシと呼ばれる．海に分布していない唯一の動物門である．

　体は芋虫型で，体表はキチン質のクチクラで覆われ，多数の小さな突起とビロード状の短毛がある．体長は 1 〜 15 cm である．背面には多数の環褶と呼ぶ皺がある．体表には環形動物門のような体節は見られないが，腹側の側面に対をなした円錐形の脚が並び，各脚に対応してくり返される器官がある．各脚の先端には 1 対の鉤爪がある．表皮の下には，環状筋と縦走筋とがある．頭部には多数の節に分かれた 1 対の触角があり，その基部に単眼がある．口

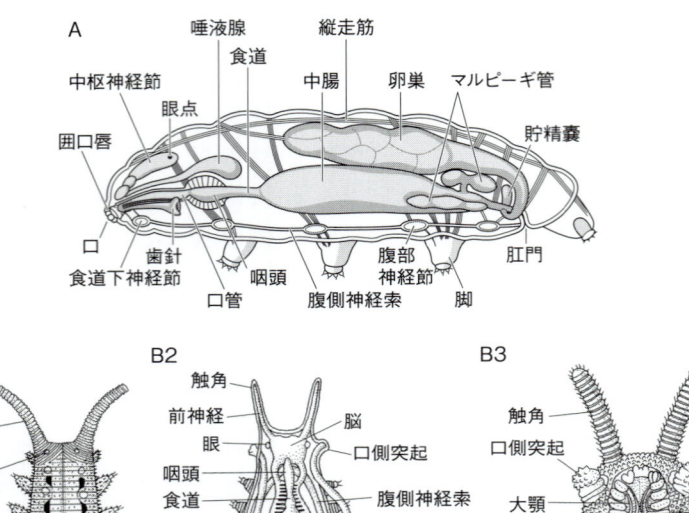

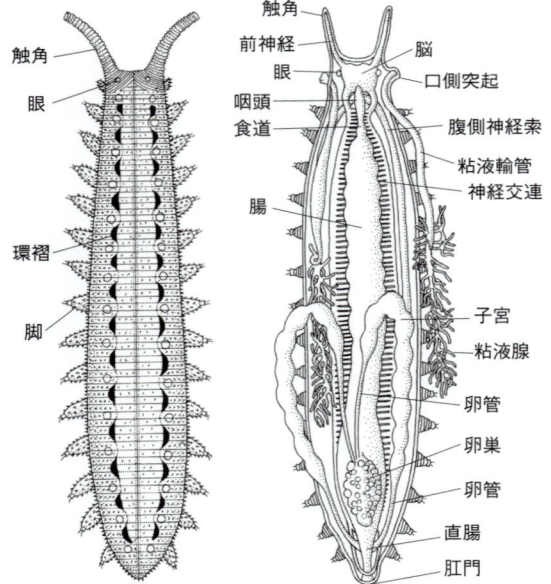

図 6.26 緩歩動物門，有爪動物門

体制の模式図．A：緩歩動物門，B：有爪動物門（*Paraperipatus* 属），B1：外形，B2：内部構造．（A は Brusca & Brusca, 2003 より．B は武田，2000 を改変：川島作図〔B1 は Bouvier, 1905，B2 は Snodgrass, 1938，B3 は Cuénot, 1949 を改変〕）

は頭部の腹面にあり，囲口唇に囲まれ，内側には 1 対の大顎をそなえている．口の側方には口側突起があり，その先端に粘液腺が開く．肛門は体の後端に開く．後腎管と考えられている排出器官は各脚の部分にあり，排出口が脚の腹側に開く．生殖口は後端の脚またはその前の脚に開いている．皮膚呼吸を行うほか，呼吸器官として気管（体表の表皮が細管として体内に進入した呼

吸器官で気門で体外へと開口する）などをもつ．咽頭の背側に中枢神経節をもち，はしご状神経系で2本の腹側神経索をもつ．

　雌雄異体で，卵生種と胎生種が知られる．卵生種では卵割は表割である．胎生種では卵割は全割であり，胚は胎盤または栄養胞と呼ばれる器官を通して栄養を摂取する．肉食性または雑食性で，粘液腺から粘性の高い白い粘液を糸のように噴出し獲物をとらえる．カンブリア紀に多様化したタクサの1つで，現生種は真有爪目のみである．

㉚　**節足動物門**　Phylum Arthropoda（約110万種）

　体節がある左右相称動物で，三胚葉性である．地球上で最も種数の多い動物門で，あらゆる環境に生息している．自由生活をおくるか，寄生性である．足が関節で節状に分かれていることからその名がつけられた．

　一般的には次のようなボディープランをもつ．体は内外とも体節に分かれており，各節は機能が分化している．体は少なくとも頭部と胴部の2つの部分に分けられ，通常はさらに多くの部分に分けられる．頭部には上唇（口器の一部となる板状の小片）と前端に体節ではない口前節がある．キチン質とタンパク質からなる硬化したクチクラでできた外骨格をもち，基本的には背板，側板，腹板が体を覆う．骨格の石灰化の程度はさまざまであるが，コラーゲンは含まない．エクジソンと呼ばれるホルモンの作用によって成長に伴って外骨格の脱皮を行う．各体節は基本的に1対の付属肢を腹側にもつ．付属肢は関節で分かれている．頭部には側方に1対の複眼が，中央に1個以上の単眼がある．頭部の背側に中枢神経節があり，環食道神経から2本の神経節をもった腹側神経索が体の後方へと伸びている．背腹には縦走筋があるが環状筋はない．真体腔は生殖器官や排出器官の部分に退化的に存在するのみで，主な体の腔所は血体腔である．水中にすむ種では鰓，陸上にすむ種では気管ないし書肺（腹部の体表が陥入してできた囊内に，多数の葉状の構造が重なったもの）で呼吸する．循環系は開放性で，背側に心臓がある．口と肛門をもち，消化管は複雑で，各部に分かれている．

　現生の節足動物は大きく4つのタクサに分類され，亜門として扱われることが多い．鋏角亜門はウミグモ類，カブトガニ類，クモ類など，甲殻亜門

■ 6章　動物の多様性と系統

はエビ類，カニ類など，多足亜門はムカデ類，ヤスデ類など，そして六脚亜門は昆虫類を含んでいる．節足動物全体は単系統とされているが，これら4亜門を含む節足動物内部の系統はまだいくつかの見解に分かれている（図6.27）．形態からは口器に大顎を形成する大顎類，陸上生活で気管をもつ有気管類がそれぞれクレードをなすと考えられてきた．これに対して，分子では甲殻亜門と六脚亜門が単系統をなし汎甲殻類という分類群を形成することが示唆されている．ただし，解析方法によって結果は異なっており，ミトコンドリアDNAや核DNAの配列データからは甲殻亜門は側系統となっている．また，鋏角亜門と多足亜門の関係をみると，ミトコンドリアDNAの塩基配列では矛盾足類などと呼ばれるクレードを形成しているが，ミトコンドリアDNAの遺伝子の配置や，核DNAの塩基配列の解析では系統が明らか

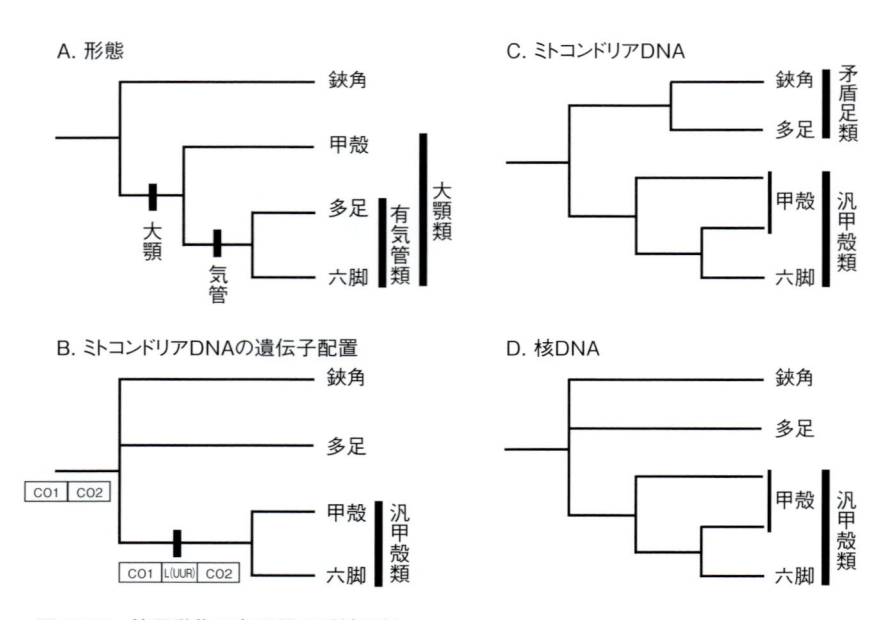

図 6.27　節足動物の各亜門の系統関係
　形態，ミトコンドリアDNAの遺伝子配置，ミトコンドリアDNAの塩基配列，核DNAの塩基配列に基づいた系統樹．ミトコンドリアDNAの遺伝子配置（B）では，CO1とCO2という2つの遺伝子が，鋏角類と多足類では隣接しているのに対し，甲殻類と六脚類ではロイシンのtRNA遺伝子が挿入され離れている．（上島，2008より）

にされていない．

　これら 4 亜門の形態的な特徴を見ていこう．鋏角亜門は，鋏角をもつことから名づけられた．昆虫や甲殻類がもつ感覚器官である触角はなく，第 1 付属肢は鋏状となった鋏角となり摂食に使われる．体は前体と後体の 2 つに分かれている．前体は口前葉と 6 体節からなり，しばしば背甲に覆われる．後体は 12 体節と最後尾の尾剣とからなる．各体節には単肢型（肢が 1 本の枝だけであること）の付属肢がある．前体の付属肢は鋏角，触肢（歩行や捕獲に用いられる付属肢）と 4 対の歩脚からなる．後体の付属肢はあまり発達していない．中眼（単眼）と体の側面に複眼をもつ．排出器官として，盲嚢状の基節腺かマルピーギ管をもつ．呼吸は，書鰓（血管が分布する薄く平たい鰓脚が本のページのように積み重ねられている鰓）または書肺や気管によって行われる．消化管には 2 〜 6 対の消化盲嚢がある．大半は雌雄異体である．

　現生の鋏角亜門は 3 綱に分類されている．ウミグモ綱の体は至って簡単な作りになっており，前体は頭部と 4 体節の胸部からなり，後体（腹部）はほぼ退化している．頭部には鋏肢（＝鋏角），触肢，担卵肢をそなえる．雄は担卵肢を用いて雌が産卵した卵を抱える．通常は，クモ綱と同様に胸部に 4 対の歩脚をもつ．海のみに生息し，体長は数 mm 〜 40 cm 程度，幼生はプロトニンフォン幼生（図 6.3 の 14）と呼ばれ，脱皮をくり返して成体となる．

　カブトガニ綱は浅海の砂泥底に生息し，現生では日本から東南アジアに 3 種，アメリカ東海岸に 1 種が知られるのみである．体長は 80 cm に達する．前体は兜のような大きな背甲に覆われ，後体には長い尾剣がある．前体の背面には 1 対の複眼と 1 個の単眼がある．前体の腹面には，中央に口があり，小さな鋏角，5 対の歩脚，唇様肢（後体第 1 体節の付属肢で機能はよくわかっていない）となっている．後体の腹面には 6 対の薄く平たい付属肢があり，後方の 5 対は遊泳脚であるとともに鰓脚となっており重なって書鰓を形成していて，第 1 対目は左右が融合し蓋板となってこれらの鰓脚を覆っている．雌雄異体で，生殖口が蓋板にある．大潮のときにつがいとなって浜に押し寄せて産卵する行動がよく知られている．十数回の脱皮を重ねて成体になる．

　クモ綱はクモ類，サソリ類，ダニ類などを含む．体は前体と後体に分かれ

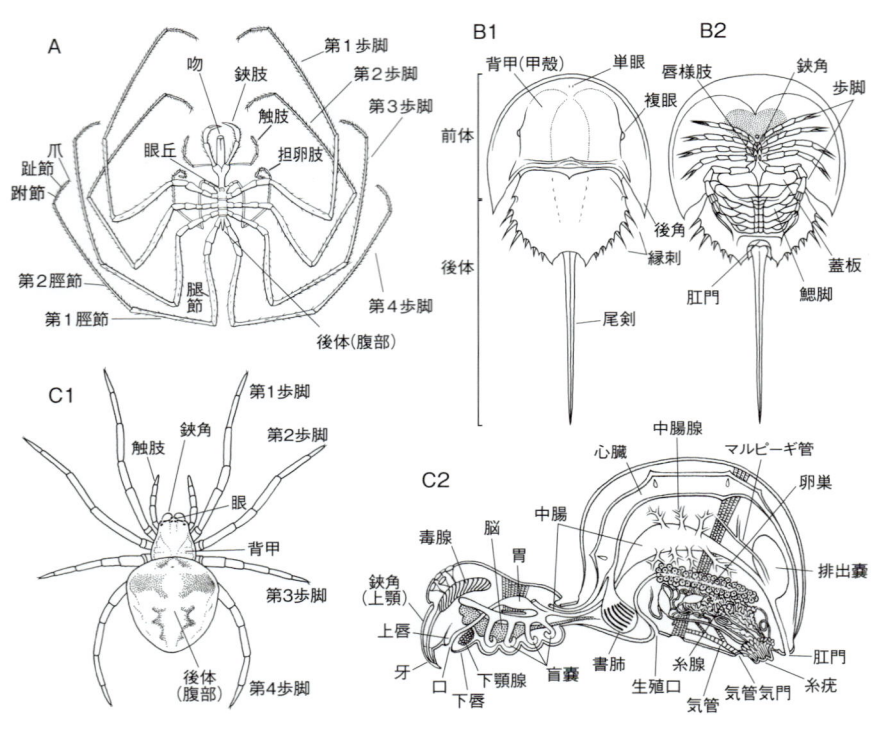

図 6.28 節足動物門鋏角亜門
体制の模式図．A：ウミグモ綱（雄の背側），B：カブトガニ綱，B1：背側，B2：腹側，C：クモ綱（雌），C1：背側，C2：断面（小野，2008 より：小野原図より川島作図〔B, C1〕，川島作図〔A は Dahl, 1913, C2 は小野, 2002 を改変〕）

ており，各体節に背板と腹板がある．前体には鋏角，触肢，4 対の歩脚があるが，後体では，付属肢や尾が消失している．鋏角は 2 ないし 3 節で，一般に鋏状となり，クモ類ではその末節が牙となり毒を出す．呼吸器は書肺，気管，もしくは両方をもつ．クモ類では糸腺で糸をつくり糸疣から放出する．サソリ類では尾節に毒腺をもつ．

多足亜門は，多数の脚をもつことから名づけられた，体長数 mm から 30 cm ほどの陸上に生息する土壌性の動物である．体は円筒形または扁平な形で，頭部と胴部に分かれる．背甲はない．胴部には一様な体節が連なる．

付属肢として，頭部には，触角，大顎，1〜2対の小顎があり，胴部には通常，各節1対の単肢型の歩脚がある．胴部第1節の付属肢は顎肢（先端に毒爪をもち毒腺が開口していて毒液を出す付属肢）となることがある．頭部には単眼が集まった集眼（または偽複眼）をもつ．通常，気管で呼吸する．1ないし2対のマルピーギ管をもつ．雌雄異体で，いくつかの段階の幼虫期を経て成長する．

現生の多足亜門は，4綱に分類されている．ムカデ綱は毒爪がある顎肢を形成し，15〜191対の歩脚をもつ．コムカデ綱の歩脚は12対で，その後方の第13胴節の付属肢は出糸突起となり，糸を出す．エダヒゲムシ綱は触角の先端が上枝と下枝とに分枝しており，9〜11対の歩脚をもつ．ヤスデ綱は胴部に10〜350の体節があるが，第5胴節以降の体節は2体節が融合した重体節となり，各2対の付属肢がある．

甲殻亜門は，水生の種が多いが陸上にも生息する．海にすむ節足動物のほとんどが甲殻亜門である．自由生活も寄生生活も認められ，体のサイズも0.2mm〜3mとさまざまである．体は基本的に頭部，胸部，腹部に分かれ，頭部と胸部は癒合して頭胸部になることがあり，胸部と腹部との境界が不明瞭な場合は合わせて胴部と呼ぶ．最近では Hox 遺伝子の発現パターンを考慮して，頭部，前胸部，後胸部，腹部と4つにわけることもある．通常，各体節に1対の付属肢をもつ．体表は4層からなるクチクラ外皮の外骨格で，体節ごとに，背板，腹板，左右の側板をもつ．頭部の背板が癒合して頭部を覆う頭楯あるいは胸部，腹部までを覆う背甲となることが多い．

頭部は発生初期にのみに現れる口前葉と5体節からなり，第1触角，第2触角，大顎，第1小顎，第2小顎と呼ぶ5対の付属肢をもつ．また，複眼か単眼もしくはその両方をもつ．胸部の付属肢の基本は運動用であるが，顎脚（摂餌），鉗脚（はさむ），歩脚（歩く），遊泳脚（泳ぐ）などさまざまに分化する．腹部の付属肢は内肢と外肢とに分かれる二肢型で末端の尾節には付属肢はない．

神経系は基本的にはしご状神経であるが，左右が癒合しているものもある．頭部には複眼か単眼またはその両方をもつ．呼吸は付属肢あるいは体壁に生

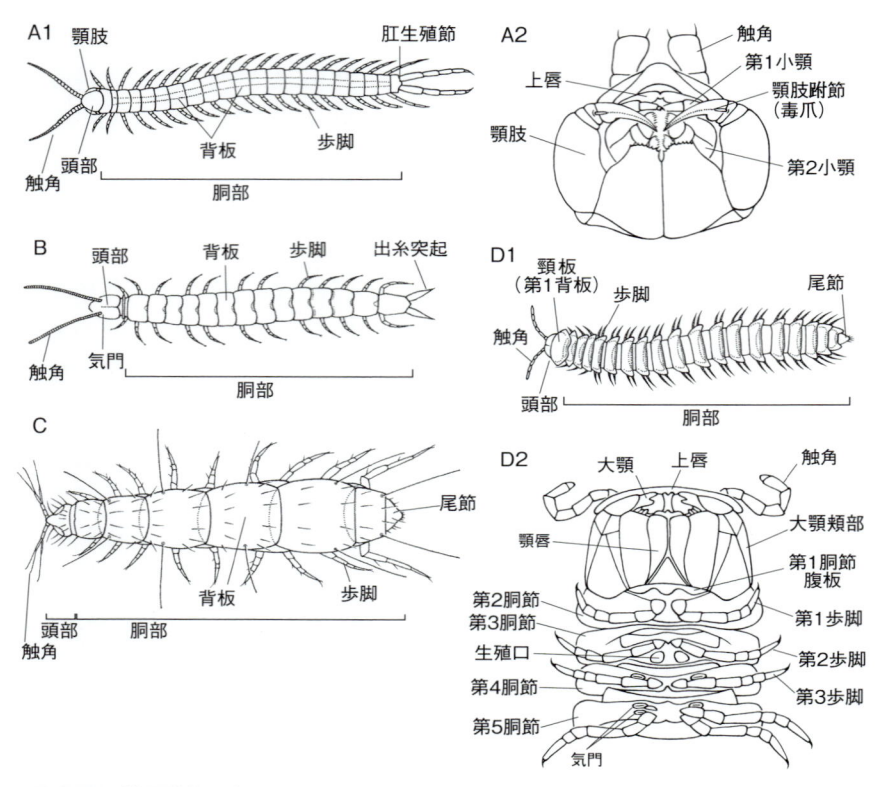

図 6.29　節足動物門多足亜門
体制の模式図．A：ムカデ綱，A1：背面，A2：頭部下面（大顎は外からは見えない），B：コムカデ綱（背面），C：エダヒゲムシ綱（背面），D：ヤスデ綱，D1：背面，D2：頭部および第 1-5 胴節腹面．（小野，2008 より：川島作図〔A は高桑，1940；1941；Dohle, 1996，B は Michelbacher, 1938，C は Latzel, 1884；Attems, 1926；Tiegs, 1947，D は高桑，1954 を改変〕）

じる鰓で行うものが多い．開放血管系で主にヘモシアニンをもつ．排出器官は後腎管で，第 2 触角に開口する触角腺または第 2 小顎に開口する小顎腺となる．一般的に雌雄異体だが雌雄同体も知られる．両性生殖が普通で性的二型も多い．受精卵は表割または全割で，全割の場合は卵割はらせん型が多い．ノープリウス幼生（図 6.3 の 15），ゾエア幼生（図 6.3 の 16），メガロパ幼生（図 6.3 の 17）などを経る間接発生と，直接発生もある．脱皮をくり返して成長

する.

　分子系統解析では，甲殻亜門は単系統ではなく，六脚亜門に対して側系統となる結果も得られている．亜門内の系統についてもさまざまな説があるが，頭楯や背甲の有無，合体節（互いに近似な構造をもつ連続する体節）の程度，複眼の発達，各付属肢の特徴などで分類されており，5綱に分けられることが多い．鰓脚綱はミジンコ類などが属し，ほとんどが淡水に生息し，祖先的なボディープランをもっていると考えられている．ムカデエビ綱は海底洞窟のみから見つかっており，胴部が同規的体節（構造が互いにほとんど同様である体節）からなり，顎脚をもつ．カシラエビ綱は腹部が同規的体節からなり，第2小顎が未分化で胸肢と同様の形態となる．顎脚綱は，通常発達した顎脚をもつ．カイアシ類，フジツボ類，貝虫類，鰓尾類など多様なタクサを含み，分子系統では側系統群と考えられている．爬虫類や哺乳類に寄生するシタムシの仲間は，以前は独立した舌形動物門とされていたが，魚類の外部寄生虫である鰓尾類と近縁であることがわかり，顎脚綱に含められている（図6.31）．シタムシは魚類の外部寄生性である祖先から，魚食性の爬虫類の内部寄生性へと移行した動物である可能性が示唆される．軟甲綱は甲殻亜門の中で，最多の種を含む．陸上に生息する種や寄生性の種も含む．コノハエビ亜綱，トゲエビ亜綱（シャコ類）と，真軟甲亜綱に分類される．真軟甲亜綱は，エビ類，カニ類，ヤドカリ類を含む十脚目やアミ目，等脚目（ダンゴムシ類など），端脚目（ヨコエビ類など），オキアミ目やそれ以外の多数の甲殻類を含んでいる．

　六脚亜門は広い意味での昆虫の仲間である．体節はしばしば融合している．体は頭部，胸部，腹部からなる．頭部の体節数ははっきりしないが，触角，大顎，小顎，下唇などの付属肢をもつ．また，単眼や複眼がある．胸部は3体節で各体節に単肢型の付属肢があり脚となる．脚は6関節に分かれており，基節，転節（2節に分かれることがある），腿節，脛節，跗節（外顎綱では複数の節に分かれる），先跗節（しばしば爪となる）からなる．胸部には翅を有することがある．腹部は11体節で，付属肢は第11体節にある尾角を除き痕跡的または退化して欠けている．気管によって呼吸を行う．排出器官と

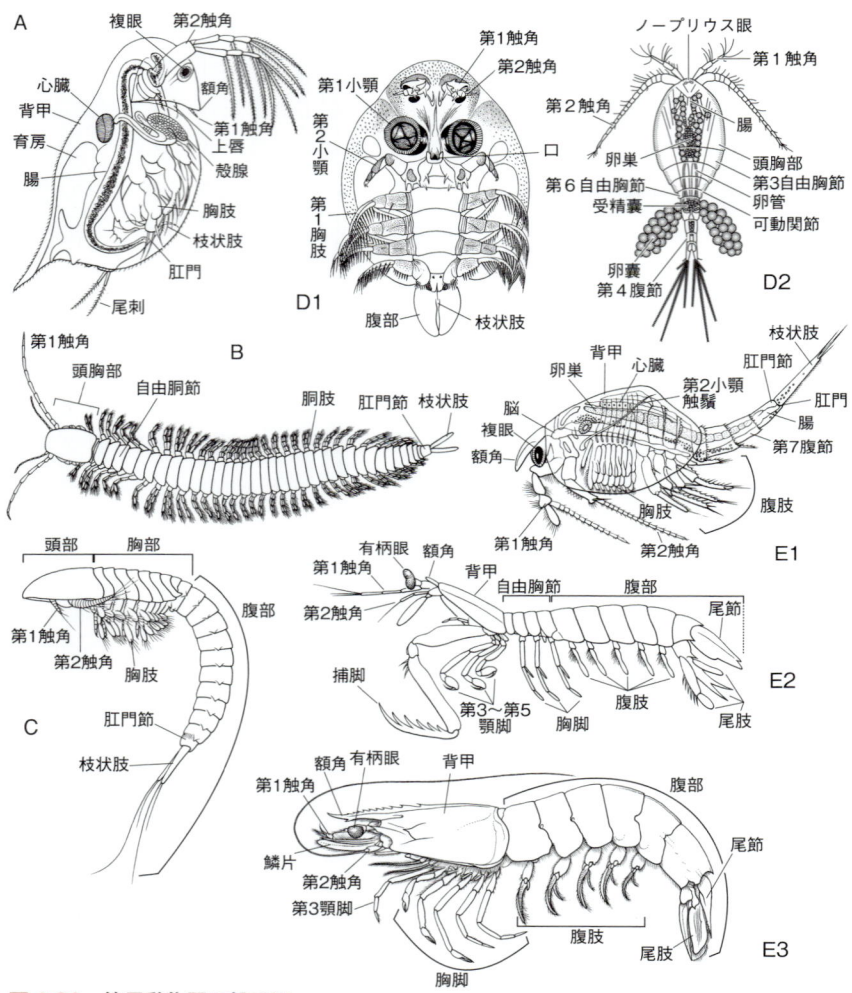

図 6.30　節足動物門甲殻亜門

体制の模式図．A：鰓脚綱（*Daphnia* 属，雌の側面），B：ムカデエビ綱（*Speleonectes tulumensis*，背面），C：カシラエビ綱（*Hutchinsoniella macracantha*，側面），D：顎脚綱，D1：鰓尾亜綱チョウ（*Argulus japonicus*，腹面），D2：カイアシ亜綱キクロプス類，E：軟甲綱，E1：コノハエビ亜綱（*Nebalia* 属），E2：トゲエビ亜綱口脚目，E3：真軟甲亜綱（十脚目，クルマエビ）．（A-C, D1, E は大塚・駒井, 2008 より：川島作図〔A は Brusca & Brusca, 2003，B は Felgenhauer *et al*., 1992，C は Hessler & Eloffson, 1992，D1 は時岡, 1940, E1 は Brusca & Brusca, 2003, E2 は Ahyong, 2001, E3 は Mauchline, 1984 を改変〕．D2 は Brusca & Brusca, 2003 を改変）

6.2 左右相称動物

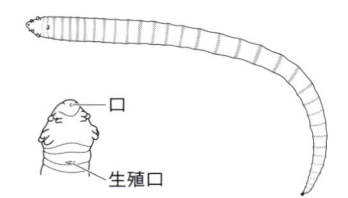

図 6.31 舌形動物（節足動物門甲殻亜門顎脚綱）
体制の模式図．*Raillietiella orientalix*，雌，全形と頭部．（Ali *et al*., 1982 を改変）

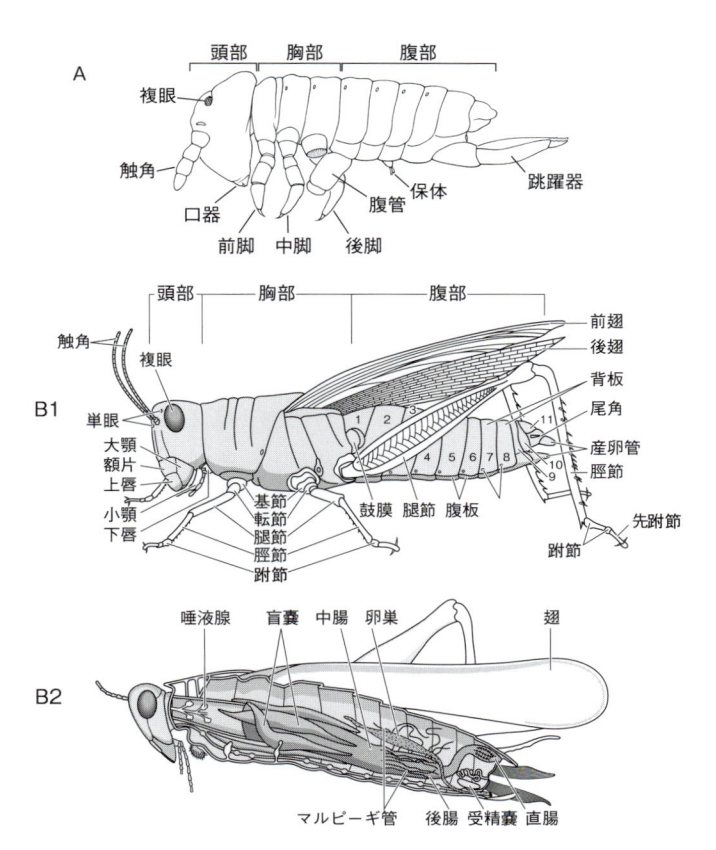

図 6.32 節足動物門六脚亜門
体制の模式図．A：内顎綱（トビムシ目，外形），B：外顎綱（バッタ目），B1：外形，B2：内部形態．（A は吉澤，2008 より：川島作図〔Weber, 1954 を改変〕．B は Brusca & Brusca, 2003 を改変）

して外胚葉由来のマルピーギ管をもつ．生殖孔は腹部の第 7，8 または 9 体節に開口する．多くは雌雄異体で，直接発生と，幼虫や蛹を経て変態を行う間接発生とがある．

六脚亜門は内顎綱と外顎綱とに分けられる．内顎綱は頭蓋と下唇が癒着して口器を包み込んでおり，マルピーギ管や複眼が退化している．トビムシ，カマアシムシ，コムシなどの仲間である．外顎綱は狭義の昆虫綱で，跗節が分節していることや，雌の産卵管，触角の構造などが内顎綱とは異なる．種数も多くおよそ 30 目に分類されている．アフリカ南部に生息し，翅がなく体は短いナナフシのような形をしているカカトアルキ目は 2002 年に新しい目として設立された．脚先が独特な構造で，脚の先端部，跗節の第 4〜5 節と先跗節を持ち上げて歩くことからその名がつけられた．

㉛ 毛顎動物門　Phylum Chaetognatha（約 130 種）

やや扁平な円筒形の左右相称動物．海に生息し，わずかな底生性の種以外はすべて浮遊性である．口部にあるキチン質の顎毛にちなんで名づけられた．ヤムシと呼ばれる仲間で，肉食者である．

体は背腹にやや扁平な円筒形で，頭部，胴部，尾部の 3 つの部分に分かれている．尾鰭と，1 ないし 2 対の側鰭がある．体腔は，頭部と尾部の 2 枚の横隔膜によって前後に 3 分され，さらに縦隔膜によってそれぞれが左右に 2 分される．体表は肥厚して泡状組織と呼ばれる上皮で覆われている．体壁には縦走筋があるが，環状筋はない．体の前端に口があり，消化管は直走し，尾部横隔膜の直前で肛門が開口する．頭部背面には 1 対の眼があり，体表には触毛斑と呼ばれる機械刺激の受容器，口の周辺には化学刺激の受容器となる小孔がある．はしご状神経に似た神経系をもつ．頭部の背面に脳神経節，胴部の腹面には腹神経節があるが，これらの中枢神経は上皮性である．頭部後方の背面に繊毛が環状にならんだ器官があり排出の機能をもつと考えられている．循環系として血洞系（栄養物質や体腔細胞を運ぶ細管の系）をもつものもある．

雌雄同体で，交尾器はないが 2 個体で精子塊の受け渡しを行う．卵割は放射型と言われてきたが，実際はらせん型に近いことがわかった．体腔の形成

は独特な方法で行われる．幼生期はなく直接発生する．

胴部や尾部の横走筋の有無で，両膜筋目，底生性のイソヤムシを含む単膜筋目，無膜筋目に分類されている．

原口は成体の口にならないため新口動物とされてきたが，口が体の端にあること，キチン質のクチクラをもつこと，体表に運動性の繊毛がないことなどでは脱皮動物と似ており，また縦走筋のみで環状筋がない点ではその中の線形動物と似ている．分子系統解析では，新口動物とは異なる系統であることは明らかとなったが，脱皮動物に入れることが示唆されているものの，正しい系統位置はまだ明らかにされていない．

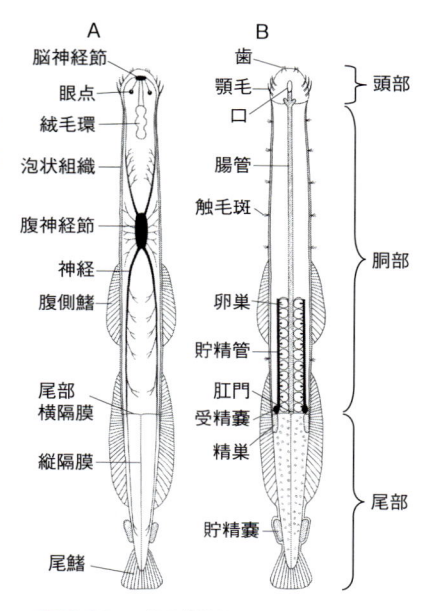

図 6.33　毛顎動物門
体制の模式図．A：背側，B：腹側．
（後藤, 2000 より：川島作図）

6.2.7　新口動物

棘皮動物門，半索動物門，脊索動物門を合わせた3動物門の単系統性は，はっきりと認められており新口動物としてまとめられている．伝統的には，現生種で鰓裂（咽頭から体外へと開口する裂孔）をもつのは半索動物門と脊索動物門のみであることから，これら2つが姉妹群であると考えられてきた．現在では，分子系統解析の結果から，棘皮動物門と半索動物門が姉妹群をなすという考えが大勢を占めている（図 6.34）．これら両動物門は合わせて歩帯動物 Ambulacraria と呼ばれ，幼生の形態，三体腔性，軸器官などの形質を共有している．

㉜　**棘皮動物門**　Phylum Echinodermata（約 7000 種）
成体は五放射相称（5つの同等な部分が放射状に配列した体のつくり）の体となる新口動物である．三胚葉性で腸体腔をもつ．海にのみ生息し自由生

```
                    ┌── 頭索動物亜門  ┐
                 ┌──┤                 │ 脊索動物
                 │  ├── 尾索動物亜門  │
              ┌──┤  └── 脊椎動物亜門  ┘
              │  │
              │  │  ┌── ギボシムシ綱*  ┐
           ┌──┤  └──┤                  │ 半索動物
           │  │     ├── ギボシムシ綱*  │
           │  │     └── フサカツギ綱   ┘
           │  │
           │  │     ┌── ウミユリ綱     ┐
           │  └─────┤                  │
           │        ├── ヒトデ綱       │ 棘皮動物
           │        ├── クモヒトデ綱   │
           │        ├── ウニ綱         │
           │        └── ナマコ綱       ┘
```

三体腔性
軸器官
幼生の形態

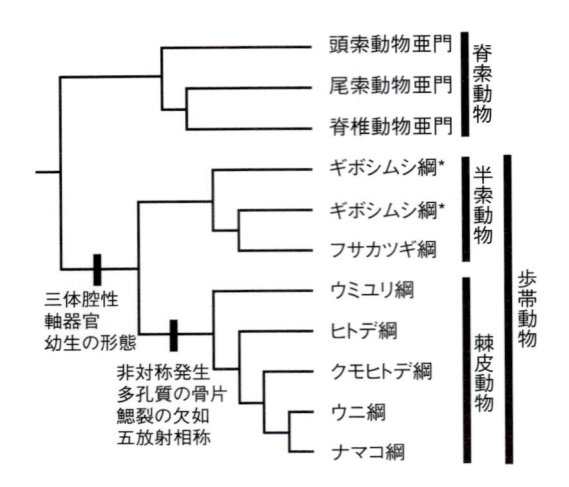

非対称発生
多孔質の骨片
鰓裂の欠如
五放射相称

図 6.34　新口動物の系統
ギボシムシ綱は側系統群となっている．(Cracraft & Donoghue, 2004；Putman *et al*., 2008 を参考に作図)

活をおくる．わずかな種を除き底生性である．ウニ類がもつ体表の棘からこの名がつけられた．

　5つの綱で体形はまったく異なっているが，成体は基本的に口を中心とした五放射相称の体をもつ．骨格は内骨格で多数の中胚葉性の骨片からなる．骨片は炭酸カルシウムでできており，多孔質でその隙間は組織が詰まっている．体腔性の水管系（海水に近い組成の体腔液が満たされている細管の系で体腔細胞が浮遊する）をもち，その末端は多数の管足となっている．水管系は多孔板（多数の微小な孔が貫通した骨板）を通して体外とつながる．消化管は口から肛門へとつながるが，一部の種では二次的に肛門を失っている．特別な排出器官はない．循環系などの機能をもつとされる血洞系がある．ウミユリ類では神経節をもつが，一般的には中枢神経がなく，神経環と放射神経からなる神経系をつくる．キャッチ結合組織という，固さを変えることができる独自の結合組織をもつ．

　雌雄異体が多いが，雌雄同体もある．発生は新口動物型で，卵割は放射型で原口は口にならない．内胚葉由来の中胚葉をもち，体腔は腸体腔性である．間接発生が多いが直接発生をする種もあり，保育習性をもつ種もある．分裂や自切により繁殖する無性生殖も知られている．

図 6.35 棘皮動物門

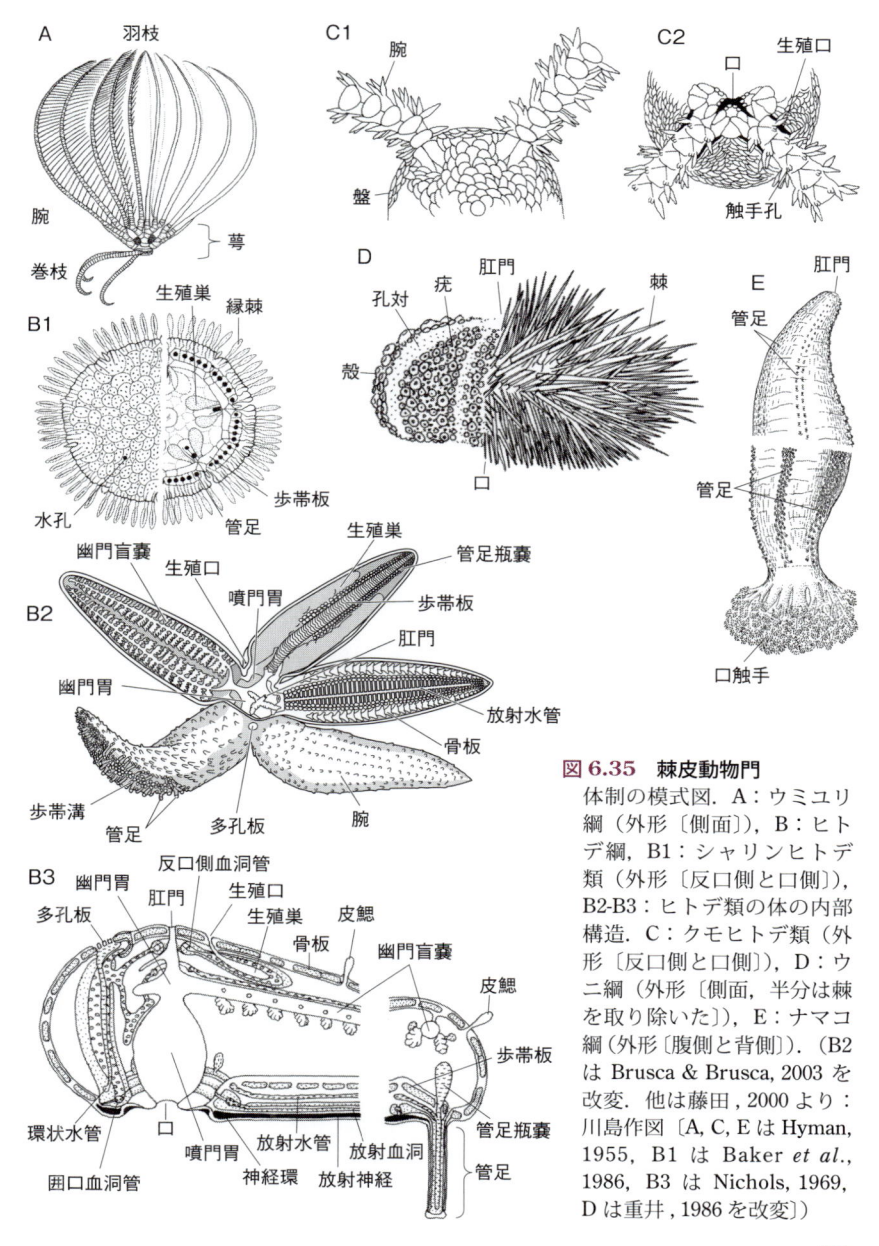

体制の模式図. A：ウミユリ綱（外形［側面］），B：ヒトデ綱，B1：シャリンヒトデ類（外形［反口側と口側］），B2-B3：ヒトデ類の体の内部構造. C：クモヒトデ類（外形［反口側と口側］），D：ウニ綱（外形［側面，半分は棘を取り除いた］），E：ナマコ綱（外形［腹側と背側］）．(B2 は Brusca & Brusca, 2003 を改変. 他は藤田, 2000 より：川島作図〔A, C, E は Hyman, 1955, B1 は Baker *et al.*, 1986, B3 は Nichols, 1969, D は重井, 1986 を改変〕)

放射相称の特徴や骨格の構造の違いで5綱に分類されている．形態の分析や分子系統解析によって，ウミユリ綱が最も祖先的な系統であり，ヒトデ綱，クモヒトデ綱と分岐し，ナマコ綱とウニ綱が姉妹群をなしていると考えられている．

ウミユリ綱では，内臓が入っている萼（がく）から5本の腕が出る．多くの種では腕は分岐をくり返し多数になる．ウミシダ目には茎がないが，有柄ウミユリ類と呼ばれる他の目には茎がある．口は上向きで肛門も上に向く．歩帯溝（ほたいこう）（口から出る溝で，管足がある歩帯に沿って伸びる）がある．腕の側方には羽枝（うし）と呼ばれる突起が並ぶ．巻枝（まきえだ）で物に付着する．多孔板はない．間接発生ではドリオラリア幼生（図6.3の18）が知られる．トリノアシやニッポンウミシダなどを含む．

ヒトデ綱の体は星形で，口は下を肛門は上を向く．歩帯溝がある．胃が発達しており幽門盲嚢（ゆうもんもうのう）（各腕の中にある房状の消化器官）をもつ．オニヒトデのように腕が多数ある種もある．間接発生ではビピンナリア幼生（図6.3の19）やブラキオラリア幼生（図6.3の20）などを経る．イトマキヒトデ，マヒトデなどが含まれる．ウミヒナギクなどのシャリンヒトデ類は発見された当初は現生の6番目の綱とされたが，分子系統解析などによってヒトデ綱の一部であることが明らかとなった．

クモヒトデ綱の体は盤から5本の細長い腕が出ている．オキノテヅルモヅルなど腕が分岐する種もある．口は下向きで，嚢状の胃をもち肛門はない．歩帯溝はなく，腕骨（わんこつ）と呼ばれる骨が腕の中央に関節で連なっている．間接発生ではオフィオプルテウス幼生（図6.3の21）を経る．ニホンクモヒトデなどが含まれる．

ウニ綱は球形の殻（から）をもち，棘に覆われている．口は下を肛門は上を向く．タコノマクラ類などを除き歩帯溝はない．口の内側にはアリストテレスの提灯（ちょうちん）と呼ばれる口器をもっている．間接発生ではエキノプルテウス幼生（図6.3の22）を経る．タコノマクラ類やブンブク類などでは肛門の位置がずれ，体が二次的に左右対称のような形になる．ムラサキウニやガンガゼなどが含まれる．

ナマコ綱では体が円筒状に細長くなり，口は体の前端で肛門は後端となる．口の周りの管足は変形し口触手（こうしょくしゅ）となる．歩帯溝はない．体壁には微小な皮下

骨片がある．間接発生ではオーリクラリア幼生（図 6.3 の 23）を経る．マナマコやキンコなどが含まれる．

㉝ **半索動物門** Phylum Hemichordata（約 90 種）

左右相称の新口動物．海にのみ生息し，底生の自由生活を送る．口盲管（口腔の壁が体の前方に向かい陥入した円柱状の管）と呼ばれる器官を脊索の一種とみて名づけられた．

体長数 cm から 2 m の蠕虫状の細長い体形で砂泥中にすむギボシムシ綱と，体長数 mm 程度の個虫が群体をつくり棲管の中にすむフサカツギ綱とからなる．体は 3 つの部分に分かれ，前体，中体，後体に分かれ，後体は最も大きい．これら 3 つの部分は，ギボシムシ綱では吻，襟，体幹，フサカツギ綱では頭盤，頸，体幹と呼ばれる．前体に 1 つ，中体と後体には 1 対ずつの真体腔をもつ．フサカツギ綱では頸から 1 対以上の触手腕が出て摂食に使われ

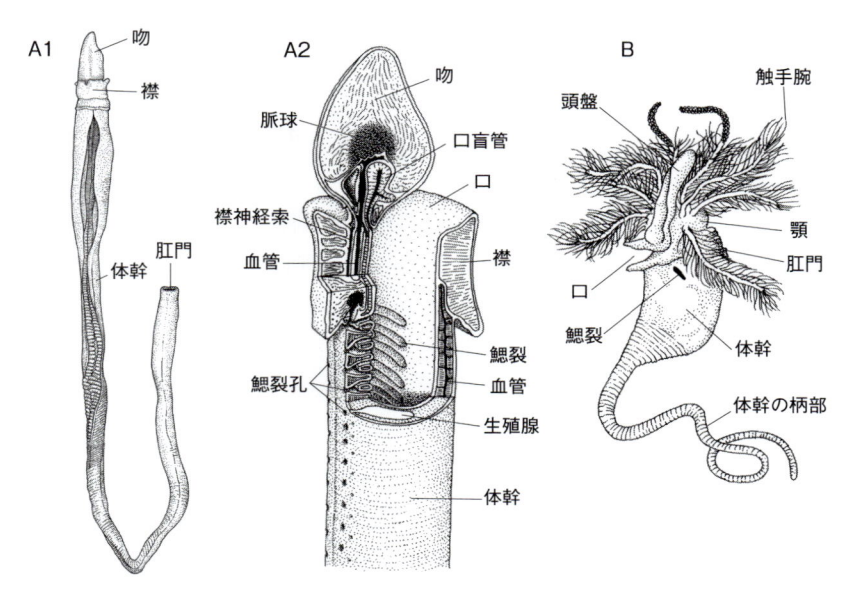

図 6.36 半索動物門
A：ギボシムシ綱，A1：ヒメギボシムシ（外形〔背面〕），A2：内部構造の模式図，B：フサカツギ綱（エノコロフサカツギ，外形〔左側背面〕）．（西川，2000 より：川島作図〔A1 は Nishikawa, 1977，A2 は西川・和田，1993，B は Komai, 1949 を改変〕）

る．口は中体の前端の腹側に開き，普通は，口に続く咽頭部の側壁には鰓裂がある．鰓裂はギボシムシ綱では複雑な構造となるが，フサカツギ綱では1対の単純な孔となるか欠如している．消化管はギボシムシ綱では直走するが，フサカツギ類では背方にU字形に屈曲する．神経細胞や神経繊維は上皮層に埋まっており，中枢神経は不明．開放血管系で，前体に脈動部がある．脈球と呼ぶ独自の排出器官をもつ．

雌雄異体で生殖腺は後体にある．ギボシムシ綱では体外受精で直接発生するかトルナリア幼生（図6.3の24）を経て変態する．フサカツギ綱ではおそらく体内受精をし，直接発生する．体腔形成には不明な部分も多く，ギボシムシ綱では腸体腔と裂体腔の両方があるとされている．

ギボシムシ綱にはワダツミギボシムシなど，フサカツギ綱にはエノコロフサカツギなどが含まれる．分子系統解析によると，ギボシムシ綱のハリマニア科がフサカツギ綱と姉妹群をなし，ギボシムシ綱は側系統群であることがわかってきた．この系統に従うと，フサカツギ綱はギボシムシ綱から小型化によって二次的に体が単純化したと考えられる．

㉞ **脊索動物門　Phylum Chordata（約51416種）**

真体腔をもつ左右相称の新口動物である．一生のうちの少なくとも一時期に，鰓裂，脊索および脊索背方の神経管をもつ．咽頭の腹側に内柱（繊毛などをもち粘液を分泌する溝状の構造）と呼ばれる腺組織を，またはそれに相同な甲状腺（甲状腺ホルモンを分泌する内分泌腺）を消化管の腹側にもつ．少なくとも発生の一時期には，肛門の後方に筋肉で動かせる尾状部分がある．

雌雄異体または雌雄同体で，卵割は放射型で全割である．発生はさまざまであるが，オタマジャクシ型の段階を経る．

一生を通じて体全長に渡って脊索をもつ頭索動物亜門，一生を通じて，または一時期に尾部に脊索をもつ尾索動物亜門，脊索の周囲に脊椎骨が形成される脊椎動物亜門の3亜門に分類されている．頭索動物亜門のナメクジウオの1種の全ゲノムが解読され，その結果から，尾索動物亜門と脊椎動物亜門が姉妹群をなし，頭索動物亜門が脊索動物門で最も祖先的であることが判明した．

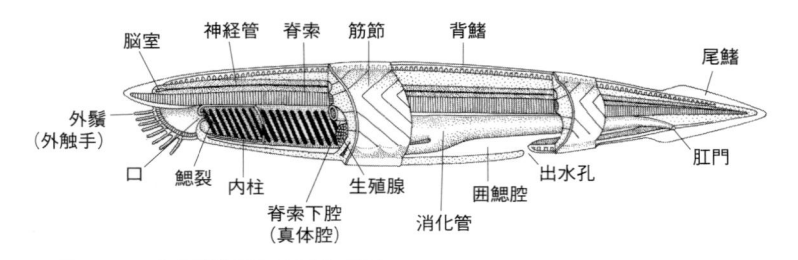

図 6.37　脊索動物門頭索動物亜門
体制の模式図．（西川，2000 より：川島作図〔西川・和田，1993 を改変〕）

　頭索動物亜門は，体長は数 cm で左右対称，左右に扁平な魚型の体形をもつナメクジウオの仲間で，海底の砂中に生息している．体の表面はクチクラ化しており，体側には「く」の字型の筋節が並んでいる．脳は分化していない．口は体の前端に開き，消化管は肛門へとつながる．咽頭部はかご状の鰓嚢となり，側壁には鰓裂があり，腹側には内柱がある．大きな囲鰓腔（鰓嚢を囲む空所で，鰓裂からでた水が集められる）は出水孔で外界とつながる．不完全な閉鎖血管系で，呼吸色素はもっていない．真体腔は腸体腔と裂体腔の両方から形成される．雌雄異体で，浮遊幼生を経て成体となる．

　尾索動物亜門は，体長は数 mm から数十 cm で海にのみ生息する．全身が筋膜に覆われ，表皮が分泌しセルロースを含んだ被嚢（体全体を包む厚い皮革状の結合組織）に包まれている．入水孔に続く咽頭はかご状の鰓嚢となり，鰓嚢の側壁には鰓孔（鰓裂）が並んで開き，腹側には内柱がある．咽頭をとりまく囲鰓腔は出水孔で体外とつながる．開放血管系をもち，血流は定期的に逆転する．真体腔は心臓を囲む小さな囲心腔で，裂体腔的に形成される．雌雄同体が普通であるが，無性生殖によって群体を形成する種や，複雑な生活史をもつ種もある．

　尾索動物亜門は 3 綱に分類されている．ホヤ綱は，普通は，脊索をもち浮遊生活をおくるオタマジャクシ型幼生から，変態して脊索を失った固着生活をおくる成体になる．食用にするマボヤのような単体の種と，キクイタボヤのような群体の種がある．オタマボヤ綱は単体で，一生にわたり脊索を維持し浮遊生活を送る．タリア綱は，脊索はあっても幼期の一時期のみである．

■ 6章　動物の多様性と系統

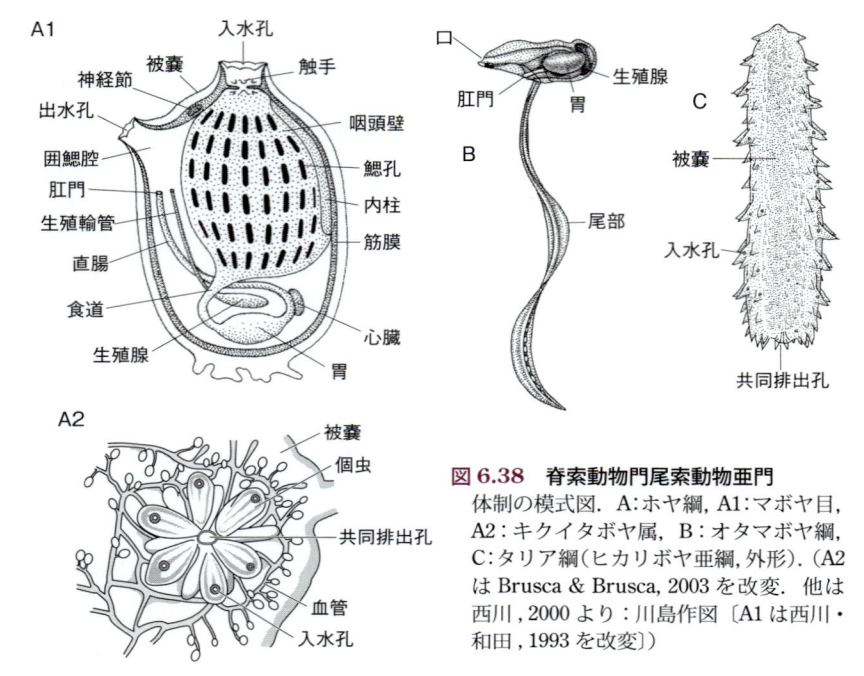

図 6.38　脊索動物門尾索動物亜門
体制の模式図．A：ホヤ綱，A1：マボヤ目，A2：キクイタボヤ属，B：オタマボヤ綱，C：タリア綱（ヒカリボヤ亜綱，外形）．（A2 は Brusca & Brusca, 2003 を改変．他は西川, 2000 より：川島作図〔A1 は西川・和田, 1993 を改変〕）

群体であり，一生にわたり浮遊生活をおくる．ヒカリボヤ，ウミタル，サルパの仲間が属する．

　脊椎動物亜門は，脊椎（体の中軸をなしている骨で多数の骨が縦に並んでいる）をもつことから名づけられている．一般的には次のようなボディープランをもつ．体は左右相称で，通常は 2 対の運動のための器官をもつ．体表は体を保護する細胞でできた皮膚で覆われている．体は規則正しく分節化され，骨格，筋肉，神経系がそれぞれの体節に配置する．体腔はよく発達しており，いくつかの部分に分割されている．内骨格は軟骨ないし硬骨で，軸骨格（体幹にある骨格）と付属肢骨格（付属肢にある骨格）から構成される．頭蓋（多数の骨が結合してできた頭部の骨格）に包まれた高度に発達した脳と，脊椎骨に包まれた神経管をもつ．目，耳，鼻孔などの発達した感覚器官をもつ．咽頭とつながった鰓または肺という呼吸器官がある．閉鎖血管系で腹側に心臓がある．生殖器官と排出器官は密接な関連があり，排出管がしば

しば生殖管の機能も果たす．消化管には肝臓と膵臓がある．

　脊椎動物亜門は尾索動物亜門や頭索動物亜門とは異なり，頭部の神経管の前端が膨れて脳となっているのが大きな特徴である．脳は前脳，中脳，後脳の3つに分けられ，それぞれ，嗅覚，視覚，聴覚や平衡感覚を担っているが，動物群によってそれぞれの部分の発達の程度が大きく異なっている．脊椎動物亜門の固有派生形質としては，頭蓋をもつ，神経系の前端は拡大して脳となる，内柱が甲状腺に変形する，外胚葉性の神経冠（胚の神経管の背側，表皮の下にある索状の細胞の集団で神経節などに分化する）やプラコード（感覚器官などに分化する細胞を含む）をもつ，内耳に半規管（内耳の中にあって平衡感覚をつかさどる器官）がある，血管の内層に内皮をもつ，外胚葉が多層性である，腎管は筋節構成型である，濾過摂食ではなく大型の餌をとる，などがあげられる．

　脊椎動物の進化をたどる上では，骨格に関する形質の変化が重要である．ヤツメウナギなどの無顎類や初期の脊椎動物には骨組織をもった骨格がなかったが，サメ類などの軟骨魚類では軟骨をもち，硬骨魚類では硬骨を獲得した（図6.40）．無顎類以外の顎口類では，顎という新しい構造をもつこととなった．これによって大きな餌でも小さく砕いて食べることが可能となり，食物連鎖を通してさまざまな種間関係を生むこととなったため，顎の獲得は脊椎動物の進化上で最大の変化の1つと考えられている．

　次に，これらのいわゆる魚類がもっていた水中での移動のための鰭のうち

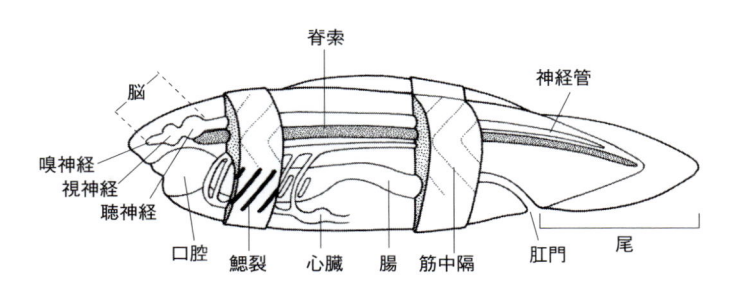

図 6.39　脊椎動物亜門
体制の模式図．（松井, 2006 を改変：川島作図〔Carroll, 1988 を改変〕）．

■ 6章 動物の多様性と系統

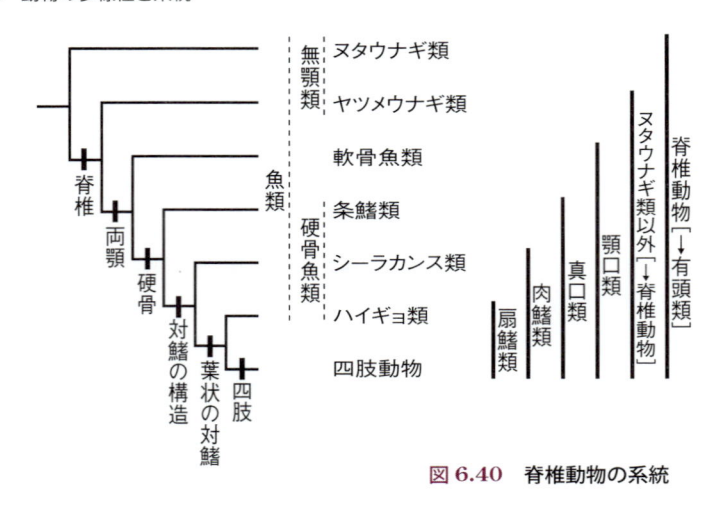

図 6.40　脊椎動物の系統

胸鰭と腹鰭の2対が四肢へと変形し，歩行のために使われるようになり，脊椎動物が陸上へと進出することとなった．鳥類ではこの四肢のうち1対が翼となることで，生活空間を空中まで広げることができるようになった．陸上生活を行うために必要な肺は咽頭の拡張部から生じたと考えられている．また，両生類までの卵は無羊膜卵でむき出しになっており，卵を水中や湿った場所にしか産むことができないが，爬虫類，鳥類，哺乳類では胚は羊膜という袋に包まれ，羊水の中で成長する．爬虫類や鳥類の卵は羊膜の外側を丈夫な殻が包んでいる．このことによって生活圏が大きく広がった．

　無顎類，軟骨魚類，硬骨魚類，両生類，爬虫類，鳥類，哺乳類という伝統的な脊椎動物の分類体系は分子系統解析などによって，大きく変わってきた．顎構造をもたないヌタウナギ類とヤツメウナギ類は，従来は無顎類としてまとめられてきたが，無顎類は側系統群であることがわかった．ヌタウナギ類は脊椎をもたないことから，ヌタウナギ類を除いた系統を狭義の脊椎動物と呼び，ヌタウナギ類を含めた全体を有頭類と呼ぶことがある（図 6.40）．無顎類以外の脊椎動物は顎口類と呼ばれ，上顎と下顎からなる顎構造をもち対鰭（左右対をなす鰭，胸鰭と腹鰭）などがあることで定義される．顎口類の中でサメ類やエイ類が含まれる軟骨魚類では骨が軟骨であるが，軟骨魚類以

6.2 左右相称動物

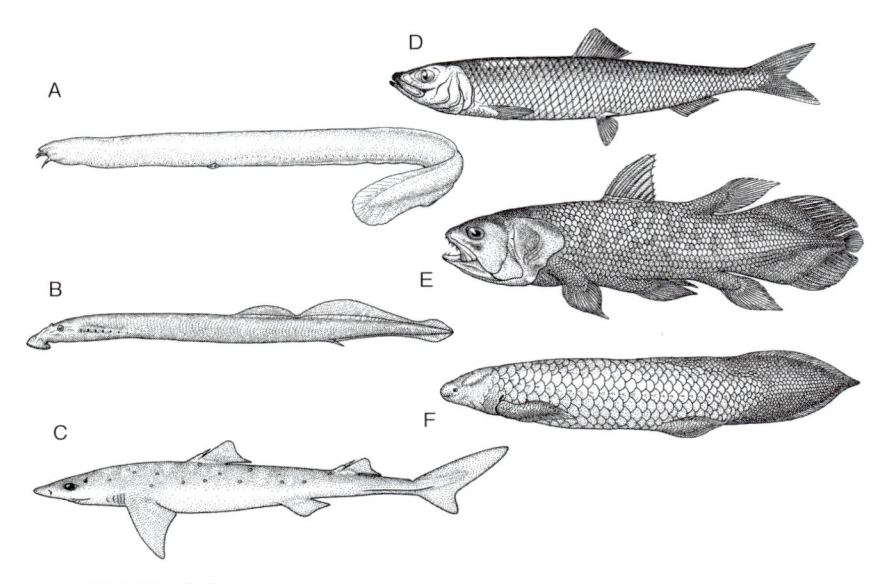

図 6.41　魚類
A：ヌタウナギ類（クロヌタウナギ），B：ヤツメウナギ類（スナヤツメ），C：軟骨魚類（アブラツノザメ），D：条鰭類（ニシン），E：シーラカンス類（シーラカンス），F：ハイギョ類（*Neocratodus forsteri*）．（矢部，2006 より：川島作図）

外は硬骨をもち真口類と呼ばれる．真口類は条鰭類と肉鰭類とに分類される．条鰭類はいわゆる魚類の 95％を含むタクソンであり，肉鰭類はシーラカンス類，ハイギョ類と四肢動物からなり，対鰭または四肢の骨格構造などが共通した特徴となっている．シーラカンス類，ハイギョ類と四肢動物との系統関係ははっきりとはしていない．

　四肢動物の中では最も先に分岐したのが両生類であり，それ以外の羊膜を獲得した羊膜類に分けられる（図 6.42A）．両生類はアシナシイモリの仲間の無足目，サンショウウオやイモリの仲間の有尾目，カエルの仲間の無尾目に分けられている．羊膜類は化石も含めて系統に厳密に分けると初期爬虫類，獣型爬虫類と哺乳類，その他の爬虫類と鳥類の 3 群に分類すべきである．頭蓋にある側頭窓（頭蓋の眼窩の後ろの位置にある穴）の状態などによって，これらの分類群が区別される（図 6.42B）．ただし，現生の種だけで考えれば，

179

■ 6章　動物の多様性と系統

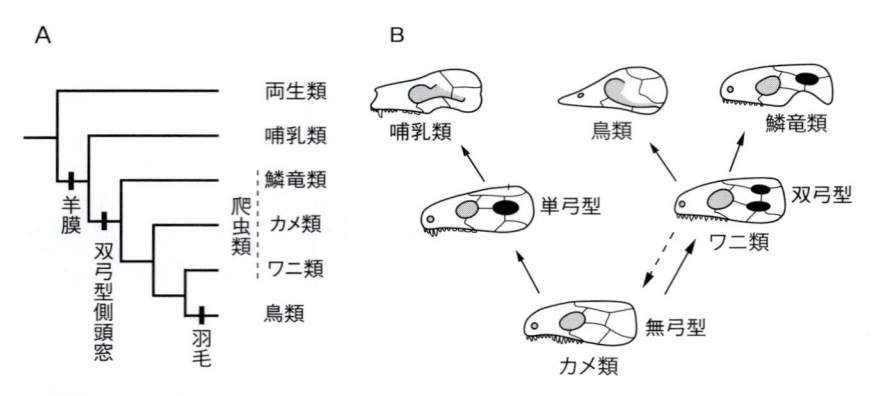

図 6.42　四肢動物の進化
A：現生の四肢動物の系統．鱗竜類はムカシトカゲ類，ヘビ類，トカゲ類を含む．これまで爬虫類とされてきた動物は側系統群となる．B：側頭窓の型と進化．（Bは松井, 2006 を改変）

爬虫類，鳥類，哺乳類の形態的な差異は明瞭であるため，側系統群も分類群として認めて従来の分類体系に従って記述されることが多い．

　爬虫類は体の表面は角質層の鱗で覆われている．現生の爬虫類はムカシトカゲ目，有鱗目（トカゲ類，ヘビ類），ワニ目，カメ目に分類されている．鳥類は爬虫類と異なり体表が羽毛に覆われている．哺乳類の体表は毛で覆われている．哺乳類は，ハリモグラやカモノハシの単孔類（総排出腔をもち卵生で繁殖する）だけからなる原獣亜綱とその他のほとんどの現生種を含む真獣亜綱に分類され，真獣亜綱はさらにカンガルーなど有袋類（胎盤をもたず育児嚢で子供を育てる）を含む後獣類とその他の多数の哺乳類である正獣類とに分類される．

コラム4
系統樹をさまよった珍渦虫

珍渦虫（ちんうずむし，または，ちんかちゅう）と呼ばれる「珍」しい動物がいる．黄色っぽい色をしたこの虫は，体の大きさは幅 5 mm, 長さ 3 cm ほどのやや平たい形をしている．海底をひくドレッジで採集されるが，海底に U 字形の穴をあけてすんでいるらしい．体のつくりは非常に単純である．表面には繊毛が生えており，それで移動する．口はあり消化管が体内に大きく広がるが肛門はない．体腔もない．中枢神経もなく，生殖器官もなく，顕著な器官としては平衡胞（内面に感覚毛が生えた小胞の中に平衡石が入っている無脊椎動物の平衡器官）のようなものがあるのみである．筋肉をもち体の形は変えることができる．

この奇妙な動物は，1915 年にスウェーデンの水深 100 m の海底から，扁形動物門の渦虫の研究者で日本近海の調査も行ったことでその名が知られるボック（Sixten Bock）によって採集された．彼の名にちなんで 1949 年ヴェストブラードが *Xenoturbella bocki* として記載した．属名の方は「奇妙な渦虫」という意味で，原始的な扁形動物である無腸類の渦虫の仲間と考えられた．その後，表皮の構造がギボシムシのものと似ていることや，ある種のナマコが似たような平衡胞をもっていることから，半索動物門や棘皮動物門と類縁という説もあった．

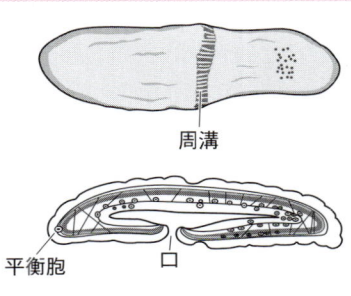

珍渦虫．上は背側からみた外観 (*Xenoturbella westbladi*, Israelsson, 1999 を改変)．下は縦断面の模式図 (*Xenoturbella bocki*, Westblad, 1949 を改変)．

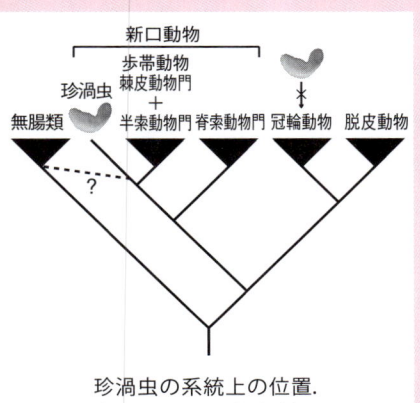

珍渦虫の系統上の位置．(Telford, 2008 を改変)

実際はどの動物の仲間なのであろうか？　こんなときにはやはり分子系統解析である．1997年にミトコンドリアや核のDNAの解析によって，珍渦虫は冠輪動物の一員であり，なんと軟体動物門の二枚貝に最も近縁であるという結果が得られた．また同時に，珍渦虫には器官としての生殖巣は認められないが，組織切片によって体内から卵が見つかり，その卵は二枚貝の原鰓類（げんさいるい）の卵に近い形態であった．その後，二枚貝などがもつペリカリンマ幼生によく似た幼生まで見つかったのである．これらのことから，珍渦虫は体制が著しく退化した二枚貝であると考えられるようになった．

　しかし，寄生生活をする動物ならいざ知らず，自由生活者で，これほどまでに著しい退化が生じた例は知られていないし，二枚貝のボディープランは系統内できわめてよく保持されている．もしかしたら，単に珍渦虫が二枚貝を食べていたということではないだろうか．実際，珍渦虫がすんでいる海底には二枚貝が多数生息している．2003年にブルらは，この仮説を検証するためにDNAの解析をやり直した．その結果，2つの異なる配列が得られ，一方の配列は明らかに二枚貝の配列に似ていた．そして，珍渦虫の腸を可能な限りきれいに取り除いてDNAを抽出したところ，二枚貝の配列が得られる割合が減少することがわかった．このことから，二枚貝の配列は珍渦虫が消化した餌に由来するもので，腸に無関係なもう一方の配列が真の珍渦虫の配列であることが判明した．珍渦虫が二枚貝であるという説は，単に「餌」動物のDNAを調べたことによる誤認であったのだ．二枚貝のものに似た卵や幼生も，珍渦虫が食べていたものを観察していたのだ．

　真のDNAの配列は，珍渦虫が半索動物門や棘皮動物門と近縁であるということを示している．どうやら，新口動物の一員らしいのである．これらの動物門とは独立した系統なので，新しく珍渦虫動物門とすることが提唱されている．しかし，ボディープランの観点からは，珍渦虫はやはり無腸類に似ているし，まだ完全な決着には至っていないようだ．

　どのように珍渦虫は進化したのであろうか．今後の研究の発展が楽しみである．人気の動画閲覧サイトでは，珍渦虫の動きを見ることができる．

あとがき

　新・生命科学シリーズを発刊するにあたって，動物の系統や分類に関する巻を執筆してほしいと，学生時代からの恩師でもある赤坂甲治先生からお声をかけて頂いた．こんな若輩者でよいのかという思いであったが，大先生でなく新しい人たちに執筆して欲しいと熱心に説得して頂き，お引き受けすることとなった．動物系統分類学とはいったい何をしている学問分野なのかを初学者が理解するにあたって，これまで，動物系統分類学という学問の考え方や方法と実際の動物の系統分類体系の両方を解説した教科書があまりないと思ったので，それら両方を含む本を目指すこととした．私自身は博物館に職を得てから動物分類学の道へと足を踏み入れることとなったが，まだまだ知らないことばかりで，今回の執筆は，勉強をしなおす貴重な機会を与えて頂いたのだということに気がついた．私のつたない原稿に丁寧に目を通して頂き，多くのアドバイスを下さった赤坂先生に深く感謝をささげたい．

　本書を仕上げるにあたって，多くの方から写真や図を提供して頂いた．また，先輩方がお書きになった既刊の教科書等からも多くの図を引用させて頂き，川島逸郎さんはそれらの原図を快くお貸し下さった．動物分類学を指導していただいた諸先生方を始め，職場の同僚や，フィールドワークや学会などでご一緒している多くの研究者仲間から，様々なお知恵を頂き，また原稿の一部にご意見も賜った．たくさんの方に支えていただき，ここにお名前をあげきれないが，これらの方々に厚くお礼を申し上げたい．研究室のメンバーである大塩博子さんには図の作成で，竹内弘美さんには原稿のチェックで協力して頂いた．日進月歩の学問分野であり追い切れていない部分が多いかも知れず，また間違いもあるかも知れないが，もちろんそれらは筆者の責任である．最後になってしまったが，裳華房編集部の野田昌宏さん，筒井清美さんのリードや支えなしでは，本書の完成には至らなかった．

　結果として赤坂先生のお眼鏡にかなうものとなったかはいささか自信はないが，一つの「たたき台」にはなったかもしれない．読者諸氏のご批判を頂ければ幸いである．

参考文献

Barnes, R. S. K. *et al*.（本川達雄 監訳）（2009）『図説 無脊椎動物学』朝倉書店.
Brusca, R. C., Brusca, G. J. (2003) "Invertebrates" 2nd Ed., Sinauer Associates, Sunderland.
Coyne, J. A., Orr, H. A. (2004) "Speciation" Sinauer Associates, Sunderland.
Cracraft, J., Donoghue, M. J. eds. (2004) "Assembling the Tree of Life" Oxford University Press, New York.
団 まりな（1987）『動物の系統と個体発生』東京大学出版会.
Futuyma, D. J. (2005) "Evolution" Sinauer Associates, Sunderland.
Hall, B. G. (2008) "Phylogenetic Trees Made Easy" 3rd Ed., Sinauer Associates, Sunderland.
長谷川政美・岸野洋久（1996）『分子系統学』岩波書店.
石川良輔 編（2008）『節足動物の多様性と系統』裳華房.
岩槻邦男・馬渡峻輔 共編（1996）『生物の種多様性』裳華房.
片倉晴雄・馬渡峻輔 共編（2007）『動物の多様性』培風館.
Margulis, L., Chapman, M. J. (2009) "Kingdoms & Domains: An Illustrated Guide to the Phyla of Life on Earth" Academic Press, Amsterdam.
松井正文 編（2006）『脊椎動物の多様性と系統』裳華房.
松浦啓一（2009）『動物分類学』東京大学出版会.
馬渡峻輔（1994）『動物分類学の論理』東京大学出版会.
馬渡峻輔（2006）『動物分類学 30 講』朝倉書店.
宮田 隆（1998）『分子進化』共立出版.
Nielsen, C. (2001) "Animal Evolution" 2nd Ed., Oxford University Press, Oxford.
佐々治寛之 (1989)『動物分類学入門』東京大学出版会.
白山義久 編（2000）『無脊椎動物の多様性と系統（節足動物を除く）』裳華房.
内田 亨・山田真弓 監修（1961-1999）『動物系統分類学』全 10 巻，中山書店.
Valentine, J. W. (2004) "On the Origin of Phyla" The University of Chicago Press, Chicago.
Winston, J. E.（馬渡峻輔・柁原 宏 訳）（2008）『種を記載する』新井書院.

引用文献

2章

Darwin, C. (1854) A monograph on the Sub-class Cirripedia with Figures of All the Species, the Balanidae, the Verrucidae. Ray Society, London.
石川　統（1985）『分子進化』裳華房.
馬渡峻輔（1994）『動物分類学の論理』東京大学出版会.
Patterson, C. (1999) "Evolution" 2nd Ed., The Natural History Museum, London.

3章

Bosselaers, J., Jocqué, R. (2000) Bull. Amer. Mus. Nat. Hist., **256**: 1-108.
Komai, T., Komatsu, H. (2008) Bull. Natl. Mus. Nat. Sci., Ser. A, **34**: 183-195.
Markham, J. C., Boyko, C. B. (2003) Amer. Mus. Novitates, **3410**: 1-7.
Shimazu, T. (2008) Bull. Natl. Mus. Nat. Sci., Ser. A, **34**: 41-61.

4章

Futuyma, D. J. (2005) "Evolution" Sinauer Associates, Sunderland.
Grant, P. R., Grant, B. R. (1996) Phil. Trans. R. Soc. Lond., Ser. B, **351**: 765-772.
Irwin, D. E. *et al.* (2005) Science, **307**: 414-416.
Lewis, P. O. (2001) Trends Ecol. Evol., **15**: 30-37.
三中信宏（1997）『生物系統学』東京大学出版会.
Zuckerkandl, E., Pauling, L. (1962) "Horizons in Biochemistry" Kasha, M., Pullman, B. eds., Academic Press, New York, p. 189-225.

5章

Aguinaldo, A. M. A. *et al.* (1997) Nature, **387**: 489-493.
Brusca, R. C., Brusca, G. J. (2003) "Invertebrates" 2nd Ed., Sinauer Associates, Sunderland.
Collins, A. G., Valentine, J. W. (2001) Evol. Dev., **3**: 432-442.
Copeland, H. F. (1956) "The Classification of Lower Organisms" Pacific Books, Palo Alto.
Eernisse, D. J., Peterson, K. J. (2004) "Assembling the Tree of Life" Cracraft, J., Donoghue, M. J. eds., Oxford University Press, New York, p. 197-208.
Foote, M. (2000) Paleobiology, **26** (4, Supplement): 74-102.
Futuyma, D. J. (2005) "Evolution" Sinauer Associates, Sunderland.
Haeckel, E. H. (1866) "Generelle Morphologie der Organismen" Reimer, Berlin.
Halanych, K. M. *et al.* (1995) Science, **267**: 1641-1643.
古屋秀隆（2007）『動物の多様性』片倉晴雄・馬渡峻輔 共編, 培風館, p. 11-36.
岩佐正夫（1977）『岩波生物学辞典 第2版』山田常雄・前川文夫・江上不二夫・八杉竜一・小関治男・古谷雅樹・日高敏隆 共編, 岩波書店, p. 1336.
May, R. M. (1988) Science, **241**: 1441-1449.
Meglitsch, P. A., Schram, F. R. (1991) "Invertebrate Zoology" Oxford University Press, New York.
Raup, D. M., Sepkoski, J. J. Jr. (1982) Science, **215**: 1501-1503.
Sepkoski, J. J. Jr. (1984) Paleobiology, **10**: 246-267.

白山義久 (2000)『無脊椎動物の多様性と系統 (節足動物を除く)』白山義久 編, 裳華房, p. 2-46.
Valentine, J. W. (2004) "On the Origin of Phyla" The University of Chicago Press, Chicago.
Wainright, P. O. *et al.* (1993) Science, **260**: 340-342.
Whittaker, R. H. (1969) Science, **163**: 150-160.
Woese, C. R., Fox, G. E. (1977) Proc. Natl. Acad. Sci., **74**: 5088-5090.
Woese, C. R. *et al.*(1990) Proc. Natl. Acad. Sci., **87**: 4576-4579.

6章

Ahyong, S. T. (2001) Rec. Austr. Mus. Suppl., **26**: 1-326.
Ali, J. H. *et al.* (1982) Syst. Parasitol., **4**: 285-301.
Attems, C. G.（1926）"Handbuch der Zoologie" **4**(1): 1-402.
Baker, A. N. *et al.* (1986) Nature, **321**: 862-864.
Barnes, R. D. (1987) "Invertebrate Zoology" 5th Ed., CBS College Publ. New York.
Bourlat, S. J. *et al.* (2003) Nature, **424**: 925-928.
Bouvier, E. L. (1905) Ann. Sci. Nat., Zool., (9) 2: 1-383, pls. 1-13.
Brusca, R. C., Brusca, G. J. (1990) "Invertebrates" Sinauer Associates, Sunderland.
Brusca, R. C., Brusca, G. J.（2003）"Invertebrates" 2nd Ed., Sinauer Associates, Sunderland.
Cannon, L. R. G. (1986) "Turbellaria of the World" Queensland Museum, South Brisbane.
Carroll, R. L. (1988) "Vertebrate Paleontology and Evolution" Freeman, New York.
Cracraft, J., Donoghue, M. J. (2004) "Assembling the Tree of Life" Oxford University Press, New York.
Cuénot, L. (1949) "Traité de Zoologie" Vol. 6, Grassé, P-P. ed., Paris, Masson, p. 3-37.
Dahl, F.（1913）"Vergleichende Physiologie und Morphologie der Spinnentiere unter besonderer Berücksichtigung der Lebensweise" Gustav Fischer, Jena.
Dohle, W.（1996）"Spezielle Zoologie, Erster Teil. Einzeller und Wirbellose Tiere" Westheide, W., Rieger, R. eds., Gustav Fischer Verlag, Stuttgart, Jena, New York, p. 582-600.
Dunn, C. W. *et al.* (2008) Nature, **452**: 745-749.
Fauchald, K. (1977) "The Polychaete Worms. Definitions and Keys to the Order, Families and Genera" Natural History Museum of Los Angeles County, Science Series, **28**, Los Angeles.
Fauvel, P. (1959) "Traité de Zoologie" Vol. 5(1), Grassé, P-P. ed., Paris, Masson, p. 13-196.
Felgenhauer, B. E. *et al.* (1992) "Microscopic Anatomy of Invertebrates" Vol. 9, Harrison, F. W., Humes, A. G., eds., Wiley-Liss Publ., New York, p. 225-247.
Frenzel, J. (1892) Archiv fur Naturgeschichte, **58**: 66-96.
藤田敏彦 (2000)『無脊椎動物の多様性と系統 (節足動物を除く)』白山義久 編, 裳華房, p. 238-251.
Funch, P., Kristensen, R. M. (1995) Nature, **378**: 711-714.
古屋秀隆 (2000)『無脊椎動物の多様性と系統 (節足動物を除く)』白山義久 編, 裳華房, p. 102-105.
後藤太一郎 (2000)『無脊椎動物の多様性と系統 (節足動物を除く)』白山義久 編, 裳華房, p. 235-237.
Hammarsten, O. (1915) Zeitschrift wiss. Zool., **112**: 527-571.

Hessler, R.R., Elofsson, R. (1992) "Microscopic Anatomy of Invertebrates" Vol. 9, Harrison, F. W., Humes, A. G., eds., Wiley-Liss Publ., New York, p. 9-24.
Higgins, R. P., Kristensen, R. M. (1991) "Microscopic Anatomy of Invertebrates" Vol. 4, Harrison, F. W., Ruppert, F. E., eds., Wiley-Liss Publ., New York, p. 377-404.
Hyman, L. H. (1955) "The Invertebrates: Echinodermata, The Coelomate Bilateria" Vol. 4., McGraw-Hill, New York.
Israelsson, O. (1999) Proc. Roy. Soc. Lond., Ser. B., **266**: 835-841.
Komai, T. (1949) Proc. Jap. Acad., **25**(7): 19-24.
Kristensen, R. M. (1991) "Microscopic Anatomy of Invertebrates" Vol. 4, Harrison, F. W., Ruppert, F. E., eds., Wiley-Liss Publ., New York, p. 351-375.
Kristensen, R. M., Shirayama, Y. (1988) Zool. Sci., **5**: 875-881.
Kristensen, R. M., Funch, P. (2000) J. Morphol., **246**: 1-49.
久保田 信 (2000)『無脊椎動物の多様性と系統（節足動物を除く）』白山義久 編, 裳華房, p. 113-117.
Latzel, R. (1884) "Myriopoden der Österreichisch-Ungarischen Monarchie" II, p. 1-414.
町田昌昭 (2000)『無脊椎動物の多様性と系統（節足動物を除く）』白山義久 編, 裳華房, p. 137-139.
Maggenti, A. R. (1981) "General Nematology" Springer, New York.
Margulis, L., Schwartz, K. V. (1988) "Five Kingdoms" 2nd Ed., W. H. Freeman and Company, New York.
松井正文 (2006)『脊椎動物の多様性と系統』松井正文 編, 裳華房, p. 2-43.
Mauchline, J. (1984) "Euphausiid, Stomatopod and Leptostracan Crustaceans (Synopses of the British Fauna)" Backhuys Pub.
馬渡峻輔 (2000)『無脊椎動物の多様性と系統（節足動物を除く）』白山義久 編, 裳華房, p. 216-218, 219-221.
Michelbacher, A. E. (1938) Hilgardia, **11**: 55-148.
三浦知之・白山義久 (2000)『無脊椎動物の多様性と系統（節足動物を除く）』白山義久 編, 裳華房, p. 199-202, 203-211.
Mock, H. (1978) Mikrofauna Meeresboden, **67**: 1-14.
Nichols, D. (1969) "Echinoderms" 4th Ed., Hutchinson Univ. Library, London.
Nielsen, C. (2001) "Animal Evolution" 2nd Ed., Oxford University Press, Oxford.
Nielsen, C. (2008) Evol. Dev., **10**: 241-257.
西川輝昭 (1977) Nature Study, **23**(4): 11-12.
Nishikawa, T. (1977) Publ. Seto Mar. Biol. Lab., **23**: 393-419.
西川輝昭 (2000)『無脊椎動物の多様性と系統（節足動物を除く）』白山義久 編, 裳華房, p. 193-195, 196-198, 253-255, 257-261.
西川輝昭・和田 洋 (1993) 遺伝, **47**(12): 32-42.
沼波秀樹 (2000)『無脊椎動物の多様性と系統（節足動物を除く）』白山義久 編, 裳華房, p. 154-156.
小野展嗣 (2002)『クモ学 ―摩訶不思議な八本足の世界―』東海大学出版会.
小野展嗣 (2008)『節足動物の多様性と系統（節足動物を除く）』石川良輔 編, 裳華房, p. 122-167, 276-296.
大塚 攻・駒井智幸 (2008)『節足動物の多様性と系統（節足動物を除く）』石川良輔 編, 裳華房, p. 172-268.

Putman, N. H. *et al.* (2008) Nature, **453**: 1064-1071.
Ruiz-Trillo, I. *et al.* (2008) Mol. Biol. Evol., 664-672.
Ruppert, F. E., Barnes, R. D. (1994) "Invertebrate Zoology" 6th Ed., Saunders College Publishing, Fort Worth.
Russell-Hunter, W. D. (1979) "A Life of Invertebrates" Macmillan, New York.
Sato, H. (1931) Sci. Rep. Tohoku Imp. Univ., Ser. 4, **6**: 172-184.
Schierwater, B. (2009) PLoS Biol., **7**: 36-44.
重井陸夫 (1986)『相模湾産海胆類』丸善.
白山義久（2000）『無脊椎動物の多様性と系統（節足動物を除く）』白山義久 編, 裳華房, p. 131-133, 148-150, 151-153, 224-226.
Snodgrass, R. E. (1938) Smiths. Misc. Coll., **97**: 1-159.
Srivastava, M. *et al.* (2008) Nature, **454**: 955-960.
Stachowitsch, M. (1992) "The Invertebrates. An Illustrated Glossary" Wiley-Liss, New York.
Sterrer, W. (1972) Syst. Zool., **21**: 151-173.
Struck, T. H. *et al.* (2007) BMC Evol. Biol., **7**: 57.
Tajika, K.(1979) Jour. Fac. Sci. Hokkaido Univ. Ser. 6, Zool., **21**(4): 383-395.
田近謙一（2000）『無脊椎動物の多様性と系統（節足動物を除く）』白山義久 編, 裳華房, p. 125-127, 128-129.
高桑良興（1940）『日本動物分類』9巻8編2号, 三省堂, p. 1-88.
高桑良興（1941）『日本動物分類』9巻8編3号, 三省堂, p. 1-104.
高桑良興（1954）『日本産倍足類総説』日本学術振興会.
武田正倫（2000）『無脊椎動物の多様性と系統（節足動物を除く）』白山義久 編, 裳華房, p. 162-164.
Telford, M. J. (2008) Genesis, **46**: 580-586.
Tiegs, O. W. (1947) Quart. J. Micr. Sci., **88**: 165-267, 275-336.
時岡　隆（1940）『關東州及滿洲國陸水生物調査書』川村多實二 編, 關東州庁, p.304-308.
上原　剛・白山義久（2000）『無脊椎動物の多様性と系統（節足動物を除く）』白山義久 編, 裳華房, p. 100-101.
上島　励（2000）『無脊椎動物の多様性と系統（節足動物を除く）』白山義久 編, 裳華房, p. 169-188.
上島　励（2008）『節足動物の多様性と系統』石川良輔 編, 裳華房, p. 28-48.
渡辺洋子（2000）『無脊椎動物の多様性と系統（節足動物を除く）』白山義久 編, 裳華房, p. 94-97.
Weber, H. (1954) "Grundriss der Insektenkunde" Gustav Fischer Verlag, Stuttgart.
Westblad, E. (1949) Ark. Zool., **1**: 3-29.
Wilson, E. B. (1981) Quart. J. Micr. Sci., **21**: 202-218.
矢部　衞（2006)『脊椎動物の多様性と系統』松井正文 編, 裳華房, p. 46-93.
山口英二（1967)『動物系統分類学』6巻, 内田　亨・山田真弓 監修, 中山書店, p. 130-193.
吉澤和徳（2008)『節足動物の多様性と系統』石川良輔 編, 裳華房, p. 330-334.
Young, C. M. eds. (2002) "Atlas of Marine Invertebrate Larvae" Academic Press, San Diego.

索　引

欧字

DNA 53
HTU 42
OTU 42
PCR法 56
UPGMA法 71

あ

アクチヌラ幼生 119
アクチノトロカ幼生 134
亜種 34, 37, 38
アブダクション 10
アミノ酸配列 54
アラインメント 59
アリストテレス 4
アンフィブラスツラ幼生 117

い

生きた化石 61
胃腔 119
異所的種分化 34
イタチムシ 132
一胚葉動物門 125
遺伝暗号 54, 89
遺伝子重複 65
遺伝子の系統樹 64
疣足 146
異名表 27
隠蔽種 53

う

ウニ綱 172
ウミグモ綱 161
ウミユリ綱 172

え

エキノプルテウス幼生 172
枝 42
エダヒゲムシ綱 163
鰓曳動物門 113, 153, 155
襟細胞 115
襟鞭毛虫 99
塩基置換 59, 68
　　──モデル 69, 78
塩基配列 54, 59

お

オーソローガス 66
オーリクラリア幼生 173
オタマボヤ綱 175
オビムシ 132
オフィオプルテウス幼生 172

か

外顎綱 168
貝殻 136
貝殻亜門 137
外群 42
外肛動物門 113, 132
外骨格 159
階層分類 3, 8
外套腔 135
外套膜 134, 136
開放血管系 130
海綿動物門 113, 114, 115

カギムシ 157
核DNA 62
顎口虫 128
顎口動物門 113, 126, 127
顎口類 178
学名 16, 18, 22, 29
花状器官 153
化石 12, 92
顎脚綱 165
カブトガニ綱 161
冠棘 153
環形動物門 113, 135, 144
間充織 118, 120
環状筋 129
管足 170
カンブリア型動物群 98
カンブリアの大爆発 94
緩歩動物門 113, 155, 156
冠輪動物 106, 113, 122

き

キー 44
気管 158
記載 25
擬態 48
偽体腔 104
既知種 108
ギボシムシ綱 173
木村資生 61
ギャップ 59
旧口動物 104
鋏角亜門 161
共有子孫形質 49
棘皮動物門 113, 169

距離行列 67
距離法 67
近隣結合法 71

く

櫛板 120
掘足綱 141
クマムシ 157
クモ綱 161
クモヒトデ綱 172
クラゲ型 118
クリプトビオシス 157
クレード 42
群体 118
群体鞭毛虫仮説 99

け

形質 42, 44
形質状態 46
系統樹 40, 67
血体腔 130
血洞系 168
原核生物 90
検索表 44
原腎管 126
原生生物界 90
顕生代 92
現代型動物群 98

こ

合意樹 88
甲殻亜門 163
後腎管 134
後生動物 99
腔腸動物門 119
コウトウチュウ 129
鉤頭動物門 113, 126

溝腹綱 137
膠胞 121
五界説 90
国際動物命名規約 17
コケムシ 132
古細菌界 91
古生代 94
　　──型動物群 98
個虫 118
骨片 115, 170
コドン 54, 78
五放射相称 169
コムカデ綱 163

さ

鰓脚綱 165
最節約樹 75
最節約法 75
サイフォノーテス幼生 133
最尤系統樹 76
最尤法 76
鰓裂 169
左右相称 104
　　──動物 113
三胚葉性 104

し

軸細胞 124
事後確率 82
四肢動物 52, 179
歯舌 136
子孫的 49
枝長 44
シノニム 19, 20, 27
刺胞 118
刺胞動物門 113, 114, 117

姉妹種 35
種 31
周縁的種分化 36
ジュークス・カンター（JC）
　のモデル 69, 79
縦走筋 129
収斂 48
樹形 40, 75
樹状図 11, 40, 46
樹長 44, 71
出芽 117
種の系統樹 64
種分化 34
条鰭類 179
小鎖状類 126
触手冠 132, 134
　　──動物 113, 122, 132
書肺 159
進化 11
進化学的種概念 33
進化距離 67
真核生物 90
進化速度 63, 71
進化的逆転 47
進化分類法 52
新結合 19
新口動物 104, 108, 113, 123, 169
真口類 179
真正後生動物 101
真正細菌界 91
新生代 95
真体腔 104
シンタイプ 23

す

水管系 170

スイクチムシ目 146
水溝系 115
水平転移 66
数量分類学 46

せ

生殖隔離 35, 39
性的二型 144
生物学的種概念 31
脊索 173, 174
脊索動物門 113, 169, 174
脊椎 176
脊椎動物亜門 176
石灰海綿綱 117
舌形動物門 113, 156, 165
節足動物門 113, 155, 159
線形動物 113, 123, 150
　　──門 113, 150
前左右相称動物 113
先取権の原則 19

そ

双器綱 152
双神経亜門 137
双腺綱 152
相対速度テスト 64
相同 46
ゾエア幼生 164
側系統群 51
側所的種分化 39
側生動物 101
側節足動物 155
側頭窓 179
組織 101
祖先的 49

た

ダーウィン 11, 14
ダイアグノーシス 27
大顎類 160
体腔 104
体節 144, 159
タイプ 22, 24
大量絶滅 94, 95
多核体 117
　　──繊毛虫仮説 99, 126
多核皮動物 130
タクサ 9
タクソン 9
　　──・サンプリング 88
多型 32
多系統群 51
多細胞 101
多重置換 68
多足亜門 162
脱皮 159
脱皮動物 108, 113, 123
多板綱 139
多毛綱 146
タリア綱 175
単為生殖 129
担顎動物 131
単系統群 51
単板綱 139
担名タイプ 22
担輪動物 113, 122, 135

ち

中生代 95
中生動物門 113, 122, 125
中立説 61
長枝誘引 63

腸体腔 104
鳥類 180
直泳動物門 113, 124
珍渦虫 123, 181

つ・て

対鰭 178
デオキシリボ核酸 53

と

頭蓋 176
胴甲動物門 113, 153, 154
頭索動物亜門 175
同所的種分化 39
頭足綱 139
同定 10
動物界 99
頭吻動物 153
動吻動物門 113, 153
突然変異 54
ドメイン 91
トランジション 78
トランスバージョン 78
ドリオラリア幼生 172
トリキメラ幼生 117
トルナリア幼生 174
トロコフォア幼生 137

な

内顎綱 168
内群 42
内肛動物門 113, 135, 148
内柱 174
ナマコ綱 172
ナメクジウオ 175
軟甲綱 165
軟体動物門 113, 135, 136

に

肉鰭類 179
二語名法 16
二胚虫類 125
二胚葉性 104
二分岐説 101
二枚貝綱 141
ニューウィック・フォーマット 40

ぬ・ね・の

ヌクレオチド 54
ネオタイプ 24
脳 177
ノープリウス幼生 164

は

背景絶滅 98
胚葉 102
バウチャー 20
博物館 5, 6
箱虫綱 119
鉢虫綱 119
爬虫類 52, 180
発見的探索法 80
花虫綱 119
パラローガス 65
ハリガネムシ目 152
パレンキメラ幼生 117
汎甲殻類 160
半索動物門 113, 169, 173
汎節足動物 113, 123, 155
判別文 27

ひ

微顎動物門 113, 126, 130

ヒギンズ幼生 154
尾腔綱 137
尾索動物亜門 175
非相同 47
ヒト綱 172
ヒドロ虫綱 119
ビピンナリア幼生 172
紐形動物門 113, 135
ヒモムシ 135
標本 5, 6, 20
標本ラベル 21
ピリディウム幼生 136
ヒル綱 148
貧毛綱 148

ふ

ブートストラップ法 85
腹足綱 140
腹毛動物門 113, 131
フサカツギ綱 173
普通海綿綱 117
プライマー 56
ブラキオラリア幼生 172
プラヌラ幼生 119
プロトニンフォン幼生 161
吻 129
分岐年代 61, 65
分岐分類学 49
分子系統解析 53, 60, 106
分子時計 61
分断的種分化 36
分類 2, 10

へ

平行進化 47
平行置換 68
閉鎖血管系 134

ベイズ法 81
平板動物門 113, 114, 121
ヘッケル 89
ペラゴスフェラ幼生 142
ベリジャー幼生 137
扁形動物門 113, 126
ベン図 9, 12, 40
扁平動物 113, 123, 126

ほ

箒虫動物門 113, 132, 134
放散 37
放射相称 104
放射卵割 104
星口動物門 113, 135, 142
ホシムシ 142
歩帯動物 169
ボディープラン 98
哺乳類 180
ホモニム 20
ホモプラシー 47, 75
ホモロジー 46
ホヤ綱 175
ポリプ型 118
ポリメラーゼ連鎖反応法 56
ホロタイプ 22, 25

ま

マイア 33
マルコフ連鎖モンテカルロ法 84
マルピーギ管 157

み

未記載種 108
ミクソゾア動物 119

ミトコンドリア DNA 54, 62
ミュラー幼生 126

む

無顎類 178
ムカデ綱 163
無根系統樹 42, 71
矛盾足類 160
無腸型類 126

め

名称 1
命名 8
メガロパ幼生 164

も

毛顎動物門 113, 168
モネラ界 90
モノグラフ 14

や・ゆ・よ

ヤスデ綱 163
ヤムシ 168
有気管類 160
有棘動物 113, 123, 153
有根系統樹 42
有櫛動物門 113, 114, 120
有鬚動物 146
——門 113
有爪動物門 113, 155, 157
尤度 76
有頭類 178
有棒状体類 126
有輪動物門 113, 135, 149
ユムシ動物門 113, 135, 143
羊膜 178

ら・り

らせん卵割 104
リボソーム 62
—— RNA 91
菱形動物門 113, 124
両生類 179
輪形動物門 113, 126, 128
輪状種 38
リンネ 8, 16, 108
——式階層分類体系 8
輪毛器 128

る・れ

類似度 46
類線形動物門 113, 150, 152
レクトタイプ 23
裂体腔 104
レビジョン 28

ろ

六脚亜門 165
六放海綿綱 117
ロリケイト幼生 155

わ

ワイリー 33
ワムシ 128
腕足動物門 113, 132, 134
腕動物門 134

著者略歴

藤田　敏彦
<small>ふじた　とし　ひこ</small>

1961年	東京都に生まれる
1984年	東京大学理学部生物学科動物学教室卒業
1989年	東京大学大学院理学系研究科博士課程修了
1991年	水産庁東北区水産研究所研究員
1994年	国立科学博物館研究官
1998年	国立科学博物館主任研究官
2003年	東京大学大学院理学系研究科准教授（兼任）
2007年	国立科学博物館研究主幹
2013年	国立科学博物館グループ長
	東京大学大学院理学系研究科教授（兼任）

2021年より国立科学博物館動物研究部長　理学博士

主な著書
「無脊椎動物の多様性と系統」（裳華房，2000年，共著）
「ヒトデ学」（東海大学出版会，2001年，共著）
「潜水調査船が観た深海生物」（東海大学出版会，2008年，共著）

新・生命科学シリーズ　動物の系統分類と進化

2010 年 4 月 25 日　第 1 版 1 刷発行
2016 年 6 月 25 日　第 2 版 1 刷発行
2025 年 3 月 25 日　第 2 版 4 刷発行

検印省略

定価はカバーに表示してあります．

著作者　藤田敏彦
発行者　吉野和浩
発行所　東京都千代田区四番町 8 - 1
　　　　電話　03-3262-9166（代）
　　　　郵便番号 102-0081
　　　　株式会社　裳華房
印刷所　株式会社　真興社
製本所　牧製本印刷株式会社

一般社団法人
自然科学書協会会員

JCOPY 〈出版者著作権管理機構 委託出版物〉
本書の無断複製は著作権法上での例外を除き禁じられています．複製される場合は，そのつど事前に，出版者著作権管理機構（電話 03-5244-5088，FAX 03-5244-5089，e-mail: info@jcopy.or.jp）の許諾を得てください．

ISBN 978-4-7853-5842-6

© 藤田敏彦，2010　　Printed in Japan

☆ 新・生命科学シリーズ ☆

*価格はすべて税込(10%)

動物の系統分類と進化	藤田敏彦 著	定価 2750 円
動物の発生と分化	浅島 誠・駒崎伸二 共著	定価 2530 円
ゼブラフィッシュの発生遺伝学	弥益 恭 著	定価 2860 円
動物の形態 −進化と発生−	八杉貞雄 著	定価 2420 円
動物の性	守 隆夫 著	定価 2310 円
動物行動の分子生物学	久保健雄 他共著	定価 2640 円
動物の生態 −脊椎動物の進化生態を中心に−	松本忠夫 著	定価 2640 円
植物の系統と進化	伊藤元己 著	定価 2640 円
植物の成長	西谷和彦 著	定価 2750 円
植物の生態（改訂版）−生理機能を中心に−	寺島一郎 著	定価 3300 円
気　孔 −陸上植物の繁栄を支えるもの−	島崎研一郎 著	定価 2860 円
脳 −分子・遺伝子・生理−	石浦章一・笹川 昇・二井勇人 共著	定価 2200 円
遺伝子操作の基本原理	赤坂甲治・大山義彦 共著	定価 2860 円
エピジェネティクス	大山 隆・東中川 徹 共著	定価 2970 円

図解 分子細胞生物学	浅島 誠・駒崎伸二 共著	定価 5720 円
行動遺伝学入門	小出 剛・山元大輔 編著	定価 3080 円
しくみと原理で解き明かす 植物生理学	佐藤直樹 著	定価 2970 円
植物生理学 −生化学反応を中心に−	加藤美砂子 著	定価 2970 円
陸上植物の形態と進化	長谷部光泰 著	定価 4400 円
花の分子発生遺伝学	平野博之・阿部光知 共著	定価 3630 円
イチョウの自然誌と文化史	長田敏行 著	定価 2640 円
光合成細菌 −酸素を出さない光合成−	嶋田敬三・高市真一 編集	定価 4950 円
タンパク質科学 −生物物理学的なアプローチ−	有坂文雄 著	定価 3520 円
遺伝子科学 −ゲノム研究への扉−	赤坂甲治 著	定価 3190 円
ゲノム編集の基本原理と応用 −ZFN, TALEN, CRISPR-Cas9−	山本 卓 著	定価 2860 円
進化生物学 −ゲノミクスが解き明かす進化−	赤坂甲治 著	定価 3520 円

裳華房ホームページ　https://www.shokabo.co.jp/